Tous droits de traduction et d'adaptation
Réservés pour tous pays
© Inter-Livres
Dépôt légal : 2002

RECUEIL
DE PLANCHES,
SUR
LES SCIENCES,
LES ARTS LIBÉRAUX,
ET
LES ARTS MÉCHANIQUES,
AVEC LEUR EXPLICATION.

SCIENCES

A PARIS,

AVEC APPROBATION ET PRIVILEGE DU ROY.

RECUEIL DE PLANCHES

SUR

LES SCIENCES,

LES ARTS LIBÉRAUX,

ET LES ARTS MECHANIQUES,

AVEC LEUR EXPLICATION.

SCIENCES.

MATHEMATIQUES.

GÉOMÉTRIE. 5 Planches.

PLANCHE Iere.

La *fig.* 1. a rapport au mot *Ligne*.
2. est un compas elliptique.
3 & 4. ont rapport au *compas de proportion*.
5. a rapport au mot *bimédial*, & aux lignes coupées en *moyenne & extrême raison*.
5. n°. 2. a rapport aux mots *complément* & *gnomon*.
6. aux mots *arc & corde*.
7. au mot *cercle*.
8. au mot *lunule*.
9. au mot *multiplication*.
10. aux mots *multiplication & mesure*.
11. ajoutée au mot *couronne*.
12. au mot *sécante*.
13. au mot *secteur*.
14 & 15. aux mots *compas de proportion*.
16. au mot *prisme*.
17. au mot *division*.
18. aux mots *angle & vertical*.
19. aux mots *triangles semblables*.

PLANCHE II.

Fig. 20, 21. ont rapport au mot *développée*.
21. n°. 2. & n°. 3, ajoutées, ont rapport aux mots *développante & développée*.
22. au mot *segment*.
22. n°. 2. aux *figures réciproques*.
23. n°. 1. au mot *contingence*.
23. n°. 2. au mot *développée*.
24 & 25. au mot *diagonale*.
25. n°. 2. au mot *chaînette*.
26. au mot *diagonale*.
27. au mot *diametre*.
28. au mot *polygone*.
29. au mot *circonscrit*.
30. aux *angles solides*.
31. au mot *circonscrit*.
32. au mot *solidité*.
33. au mot *directrice*.
34. au mot *sphere*.
35. au mot *divisibilité*.
36. aux mots *parallele & interne*.
N°. 1. avec l'explication de 102. Planches.

PLANCHE III.

Fig. 37. a rapport aux *paralleles*.
38. aux *parallélépipedes*.
39 & 40. au mot *spirale & ordonnée*.
41. aux mots *parallélogramme & rectangle*.
42. au mot *quarré*.
43. aux mots *angle & contact*.
44. au mot *sous contraire*, & aux *antiparalleles*.
45. au mot *pélécoïde*.
46. aux *angles alternes & opposés*.
47. au mot *pentagone*.
48. au mot *ovale*.
49. au mot *cube*.
50. au mot *tangente*.
51, 52, 53. au mot *courbe*.
54. ajoutée, au mot *décagone*.
55. au mot *cycloïde*.
56. au mot *cylindre*.
57. & 57 n°. 2. au mot *perpendiculaire*.
58. au mot *épicycloïde*.
59. au mot *tétrahédre*.
60 & 61. au mot *rectangle*.

PLANCHE IV.

Fig. 62 & 63. ont rapport au mot *proportionnel*.
64. aux lignes coupées en *moyenne & extrême raison*.
64. n°. 2. 65, 66, 67. au mot *réduction*.
68, 68, 69, 70, 71, 72, 73, 74, 75, 76, 77, 78. au mot *triangle*.
78. n°. 2. a rapport au mot *pyramide*.
79. aux mots *pyramide & développement*.
80. au mot *qualité*.
81. aux *corps réguliers*.
82. au mot *rebroussement*.
83. aux mots *rhombe & losange*.
84. au mot *hexagone*.
85. ajoutée, aux mots *trochoïde, courbe des arcs, & compagne de la cycloïde*.
86. aux *angles aigus*.

PLANCHE V.

Fig. 87. a rapport aux *arcs semblables*.
88, 89 & 90. au mot *hauteur*.

91, 92, 93, 94, 95, 96, 97. au mot *angle*.
97. n°. 2. *ajoutée*, à l'*angle de contingence*.
97. n°. 3. à la *courbe des arcs*, ou *trochoïde*, ou *compagne de la cycloïde*.
98. à l'*inclinaison des plans*.
99. au mot *indivisible*.
100. au mot *inflexion*.
101, 102, 103, *ajoutées*, au mot *trajectoire*.
103, n°. 2. *ajoutée*, à la courbe appellée par M. Jean Bernoulli *pantogonie*.
104. au mot *continuité*.
105. aux mots *nœud* & *folium*.

Supplément

CONTENANT une Planche.

FIGURE 5. Dendromètre de MM. Duncombe & Whittels. A, demi-cercle. B, son diametre. C, altimetre. D, la corde. E, le rayon. F, index d'élévation. G, petit demi-cercle de l'altimetre. H, son appui. I, vis qui sert à avancer & à reculer le rayon. K, piece qui le contient en place. L, le plomb. M, traversin de la piece coulante. N, axe. O, clef de la vis. P, piece coulante. Q, bras mobile. R, alidade qui porte le télescope. S, arcs pour régler la position de l'alidade. T, petit quart de cercle de l'alidade.

Les autres figures se rapportent aux *articles* ACUTANGLE, JAUGEAGE, MILIEU, &c. où on peut en voir l'explication.

TRIGONOMÉTRIE. 2 Planches.

PLANCHE Ière.

LA *fig*. 1. a rapport au mot *sécante*.
2, 3, 4, 5, aux usages du *compas de proportion* & à la *trigonométrie*.
6, 7. aux *sinus*.
8. aux *angles sphériques*.
9. aux *sinus*.
10, 11, 12, 13, 14, 15, 16. aux *triangles sphériques*.

PLANCHE II.

Fig. 17, 18, 19, 20. ont rapport au mot *sphérique*.
21. aux *angles sphériques*.
22. au mot *complément*.
23, 24, 25. au mot *hauteur*.
26, 27, 28, 29, 30, 31, 32. au mot *triangle*.

ALGÉBRE, 2 Planches.

PLANCHE Ière.

Cette Planche est tirée de l'Encyclopédie Angloise. Les Figures 4, 5, 11, 11 n°. 2, 11 n°. 3, 12, 14, 15, 16 & 17. ont été ajoutées.
Fig. 1. 2, 3, 4, 5. ont rapport à la *construction* des équations. *V*. L'Encyclopédie au mot *construction*.
6, 7, 8, 8 n°. 2, 9, 10, 11, 11 n°. 2, 11 n°. 3. ont rapport à la résolution des équations par la Géometrie. V. *équation* dans le même ouvrage.
12. a rapport à l'*analyse de situation*, ainsi appellée par Leibnitz.
13. à la *trisection de l'angle*.
14, 15, 16. représentent les tablettes dont l'illustre aveugle Saunderson se servoit pour calculer. V. *Aveugle* dans l'Encyclopédie.
17. représente la *transformation* des axes d'une courbe.
18. les bâtons connus sous le nom de *bâtons de Neper*.

PLANCHE II.

La machine arithmétique de Pascal. Les *fig*. 1, 2 & 3. montrent le jeu & les détails de cette machine. *Voyez* pour l'intelligence de ces figures l'article *Arithmétique machine*.

Supplément

Constructeur universel d'équations.

Une Planche double équivalente à deux.

SECTIONS CONIQUES. 3 Planches.

PLANCHE Ière.

LA *fig*. 1. a rapport à l'*axe transverse* de sections coniques.
2, 3 & 4. au mot *cône*.
5. n°. 1. au mot *section*.
5. n°. 2. aux mots *courbe* & *diametre*.
6. aux mots *cône* & *développement*.
6. n°. 2 au mot *diametre*.
7. au mot *cône*.
8 & 9. au mot *parabole*.
10. au coin parabolique.
10. n°. 2, 3, 4. au mot *parabole*. Ces trois Figures ont été ajoutées à l'Encyclopédie Angloise.
11. à la *parabole hélicoïde*.
12. au mot *asymptote*.

PLANCHE II.

Fig. 13, 14, 15, 16, 17. ont rapport à l'article *sections coniques*.
18. au mot *foyer*.
19. au mot *sousnormale*.
20. aux mots *hyperbole équilatere*, *asymptote*, & *puissance de l'hyperbole*.
20. n°. 2 & n°. 3. au mot *asymptote*. Ces figures ont été ajoutées. La *fig*. 20. n°. 2. a de plus rapport au mot *serpentement*.
21. aux mots *ellipse* & *compas de proportion*.
21. n°. 2. au mot *ellipse*.

PLANCHE III.

Fig. 22 & 23. ont rapport au mot *ellipse*. La *fig*. 22. est ajoutée.
24. aux mots *ellipse* & *ovale*.
25. au mot *ovale*. Cette figure est ajoutée.
26. aux mots *abscisse* & *ordonnée*.
27, 27 n°. 2. 28, 29, 30. au mot *hyperbole*.
31 & 32. au mot *axe*.
33. au mot *asymptote*.
34, 35, 36. qui sont ajoutées ; aux *hyperboles* tant convergentes que divergentes.

ANALYSE. 2 Planches.

PLANCHE Ière.

LEs *figures* 3, 7, 11, 12. n°. 2. ont été ajoutées. Les autres sont tirées de l'Encyclopédie Angloise.
Fig. 1 & 2. ont rapport à la *conchoïde*. V. ce mot dans l'Encyclopédie.
3. au principe du calcul différentiel. V. *différentiel*.
4, 5 & 6. aux *maxima* & *minima*.
7. au *rebroussement* nommé de la seconde espece.
8. aux mots *courbe* & *développée*.
9. au mot *cissoïde*.
10. aux *soutangentes* des courbes.
11. aux *origines* & aux *refetes* des courbes.
12. aux mots *développée*, *rayon*, *osculation*.
12. n°. 2. au mot *lemnisceros*.
13, 14. n°. 1 & 2. 15, 16, 17. aux *tangentes* des courbes.
18, 19 & 20. à la *rectification* & à l'*élément des courbes*.
21. au mot *quadratrice*.
22. aux mots *quadratrice* & *logarithmique*, ou *logistique*, *spirale*.

PLANCHE II.

Les figures 38, 39, &c. jusqu'à 45 ont été ajoutées ; les autres sont tirées de l'Encyclopédie Angloise.
Fig. 23. a rapport au mot *quadratrice*. C'est celle de M. Tschirnhaus.
24, 25, 26, 27, 28. au mot *quadrature* ; & de plus la *fig*. 26. au mot *maximum*.
29 -- 36. au mot *lieu*.
36. n°. 2. & 36. n°. 3. au mot *courbe*.
37. au mot *logarithmique* ou *logistique*.
38. au mot *circonscrit*.
39. au mot *ambigene*.
40. au mot *approche*.
40. n°. 2. au mot *anguinée*.
41. au mot *lemniscate*.
42. au mot *nœud*.
43 & 44. au mot *conjugué*.
45. au mot *folium*.

MÉCHANIQUE. 5 Planches.

PLANCHE Iere.

Les *fig.* 1, 2, 3. ont rapport aux *leviers*.
3. n°. 2 & 3. qui font ajoutées, au *levier* appellé *balance de Roberval*.
3. n°. 4. au *levier*. Cette figure est aussi ajoutée.
3. n°. 5. au mot *chariot*. Cette figure est ajoutée.
4. aux *forces mouvantes* ou *puissances méchaniques*, & au *mouvement angulaire*.
5 & 6. à la *composition du mouvement*.
7. à la machine appellée *tour*, ou *treuil*, ou *axe dans le tambour*.
8. aux mots *gravité* & *mouvement angulaire*.
9. & 10. au mot *balance*.
11 & 12. n°. 2. à la *vis*.

PLANCHE II.

Fig. 13. est une *vis sans fin*.
13. n°. 2. 13. n°. 3. 14, 15, 16, 17, 18, 19, 20. au *centre de gravité*.
21. au *centre de mouvement*.
22 & 23. au *centre d'oscillation*.
24. aux *forces centrifuges*.
25. aux *forces centrales*.
26. aux mots *centrobarique*, *forces* & *mouvement*.
27, 28, 29. au mot *centrobarique*.
30 & 31. au mot *mouvement*.
32. au mot *force d'inertie*.
32. n°. 2. à la *percussion* ou *choc des corps*.

PLANCHE III.

Fig. 33 & 34. ont rapport au mot *mouvement*.
35. aux mots *peson* & *romaine*.
36 & 37. aux mots *oscillation* & *pendule*.
38, 39, & 39 n°. 2. & 3. ont rapport au *frottement*. La *fig.* 39. n°. 2. est ajoutée, & la *fig.* 39. n°. 3. est le *tribometre de Musschenbrock*.
40, 41, 42. ont rapport au mot *percussion*.
43. au *centre spontané de rotation*.
44. aux mots *tour*, *treuil*, *tambour* & *axe*.
45. à la *tension des cordes*. Cette fig. est ajoutée.
46 & 47. au mot *projectile*.

PLANCHE IV.

Fig. 48. a rapport au mot *projectile*.
49, 49 n°. 2. 50, 51. au mot *poulie*.
52. & 52 n°. 2, 3, 4, 5. à la *réfraction*. De ces cinq fig. les quatre dernieres sont ajoutées.
53 & 54. au mot *coin*.
53. au mot *plan incliné*.
55 & 56. aux mots *poids* & *pesanteur*.
57. au *solide de la moindre résistance*.
58, 59, 60, 61. au mot *plan incliné*.

PLANCHE V.

Fig. 62. a rapport au mot *plan incliné*.
63. au mot *roue*.
64. & 65. au mot *accélération*.
66. aux mots *angle* & *réflexion*.
67. au mot *élastique*.
68. & 68 n°. 2. au mot *brachystochrone*.
69. au mot *synchrone*.
70. au mot *tautochrone*.
71. aux *vibrations des cordes*.
72. est une espece de compas pour juger si un cylindre est de même diametre par-tout.
73. est une maniere de justifier une *regle*.
Depuis la 67°. figure inclusivement, toutes les figures sont ajoutées.

Supplement
Trois Planches.

PLANCHE Iere.

Chaise roulante, dans laquelle un homme qui a perdu l'usage de ses jambes peut se promener sans cheval sur les chemins.
Fig. 1. Grande & petite roue.
2. Plan de la voiture.
3. La voiture en perspective.

PLANCHE II.

Fig. 1 & 2. Instrument balistique.
3. Machine qui se meut d'elle-même. A B C D, le chassis dans lequel elle se meut. E F, roues de cuivre de même diametre, dont l'axe G est mobile. 1, 2, 3, 4, &c. aimans artificiels placés dans les dents & tout autour de la roue. H I, deux aimans égaux enchâssés dans la plaque A C. K L, deux autres aimans enchâssés dans la plaque B D.
4 & 5. Voiture qui marche seule. E F, l'essieu de devant. G, roue horizontale. H L, manivelle de fer. B B, les roues de derriere. Q Q, deux petites roues. P P, rouleaux au-dessus de l'impériale. R, poulie. S T, planches qui soutiennent les plaques de fer qui mordent dans les roues Q Q.
6. Balance des grains.

PLANCHE III.

Les *fig.* 1, 2, 3 & 4, ont rapport aux *cordes vibrantes*.
Fig. 5. Balance pour peser les laines filées.
Les *fig.* 6, 7 & 8, ont rapport à une démonstration métaphysique du principe de l'équilibre.

HYDROSTATIQUE, HYDRODINAMIQUE & HYDRAULIQUE. 3 Planches.

PLANCHE Iere.

La *fig.* 1. représente la *vis d'Archimede*.
2, 3, 3 n°. 2, 4 & 5. ont rapport aux *syphons*.
6, 7, 8, 9, 10, 11, 12, 13, 14, 15, 16. ont rapport aux *fluides*. La *fig.* 11. est ajoutée.
17, 18, 19. ont rapport aux *fontaines*. La *fig.* 17. est ajoutée & tirée de *Musschenbrock*.

PLANCHE II.

Fig. 20, 21, 22, 23, 24, 25, 25 n°. 2, 25 n°. 3. ont rapport aux *fontaines*. Les fig. 24, 25 n°. 2, & 25 n°. 3. sont ajoutées & tirées de *Musschenbrock*.
25. n°. 4. a rapport aux *fontaines*, aux *syphons*, & à l'article *Tantale*.
26. a rapport à l'article *seringue*.
27. est une *pompe aspirante*.

PLANCHE III.

Fig. 28. est une *pompe foulante*.
29. une *pompe foulante* & *aspirante*.
30, 31, 32, 33. ont rapport aux *ondulations* des fluides.
31 n°. 2, & 32 n°. 2. ont rapport à l'*hydromantique*, ou à certains phénomenes singuliers produits par la réfraction.
34 n°. 1. est une *balance hydrostatique*.
34 n°. 2. a rapport au mouvement des *fleuves*.

MACHINES HYDRAULIQUES.

Machine de Marly. 2 Planches.

Cette machine immense qui frappe d'étonnement tous ceux qui la voient, par l'énormité de sa construction, est une grande chose qui fera toujours un honneur infini à son Inventeur, malgré ses défauts. L'esprit de méchanique a fait de si prodigieux progrès depuis sa construction, qu'il ne seroit peut-être pas impossible d'en faire une autre au même endroit, dont la premiere dépense ne coûteroit guere plus que l'entretien de celle-ci, qui seroit beaucoup plus simple & beaucoup plus solide, & qui produiroit un plus grand effet; mais il ne faut espérer que, malgré les bonnes vues de M. de Marigny, on en vienne là de sitôt. Il y a tant de subalternes qui trouvent leur avantage à ce que le mal se perpétue !

Comme on trouvera dans l'ouvrage une explication détaillée de cette fameuse machine, nous nous contenterons d'en parcourir les principales parties.

Il y a 14 roues. Ce que nous allons dire d'une convient à toutes. Cette roue sert à porter l'eau depuis la riviere de Seine jusqu'à l'aqueduc.

Son mouvement a deux effets. L'un de faire agir des pompes aspirantes & refoulantes qui portent l'eau à 150 pieds de hauteur dans un premier puisard éloigné de la riviere de 100 toises. L'autre est de mettre en mouvement les balanciers qui font agir les pompes refoulantes placées dans les deux puisards.

Celles qui répondent au premier puisard, reprennent l'eau & la portent au second élevé au-dessus du premier de 175 pieds, & éloigné de la riviere de 324 toises.

Au second puisard d'autres pompes la refoulent jusque sur la plate-forme d'une tour élevée au-dessus d'un puisard de 177 pieds, & éloigné de la riviere de 614 toises.

L'eau parvenue à cette hauteur coule sur un aqueduc de 230 toises de long, percé de 36 arcades, jusqu'auprès de la grille du château de Marly, d'où elle descend dans des réservoirs qui la distribuent au jardin.

PLANCHE Iere & II.

Pl. I. *fig.* 1. A est le radier consolidé de pilots & palplanches garnis de maçonnerie. *Voyez* sur cette partie de la construction les *fig.* 1, 6 & 7. C, D deux manivelles mues par la roue. E bielle correspondante à la manivelle E. F varlet qui fait un mouvement de vibration sur son essieu; Pl. II. *fig.* 6, à chaque tour de manivelle. G autre bielle pendante au varlet F. H balancier auquel est accrochée la bielle pendante F. II deux poteaux pendans aux extrêmités du balancier H, & portant chacun quatre pistons jouans dans autant de corps de pompes. K, K corps de pompes. *Voyez fig.* 1, Pl. I.

Fig. 6. Pl. II. C manivelle. G bielle. Quand la manivelle C & le varlet font monter la bielle G, les pistons d'un côté du balancier aspirent par les tuyaux LL, & les autres refoulent, & ainsi alternativement.

Pl. II. *fig.* 7. On voit ici comment la manivelle D donne le mouvement aux pompes du premier & du second puisards; pour entendre cet effet, joignez cette figure à la troisieme. O autre varlet. P autre bielle.

Pl. I. *fig.* 1. Le plan montre comment le varlet X se meut sur son axe Y. A l'extrêmité Z il y a une chaîne 1, qu'il faut regarder comme partie de la chaîne 2, 3. *Voyez* la *fig.* 2. Pl. I. De même le varlet R, Pl. II. *fig.* 7. répond aussi à une chaîne qui fait partie de celles 4, 5. Ces deux chaînes sont tirées alternativement par les varlets R, S.

2. Pl. I. Profil qui peut convenir au premier & au second puisards, mais qui convient proprement au second. Même *fig.* 2. Pl. I. Cette figure est relative aux mouvemens des chaînes, des varlets, des chassis, des cadres, des pistons, & des pompes. Les corps de pompes sont au nombre de 257.

3. Pl. I. Maniere dont tous ces corps de pompes sont assujettis & contenus.

Pl. I. On voit plus en grand l'intérieur d'une des pompes refoulantes du premier & du second puisards.

4. Pl. I. Intérieur d'une des pompes de la riviere. Pour l'intelligence du jeu de la machine, consultez l'article HYDRAULIQUES MACHINES.

La *fig.* 1. Pl. I. Plan en particulier d'une des roues.

2. Profil des balanciers & des puisards.

3 & 4. Profil & élévation d'une des pompes de la riviere & des puisards.

5. Plan d'un puisard.

6. Pl. II. Profil d'une des roues, où le côté d'aval est à gauche, & celui d'amont est à droite, & où l'on voit le grillage qui garantit la machine.

7. Profil d'une des roues où le côté d'amont est à gauche, & le côté d'aval est à droite, & où l'on voit encore le grillage. Ainsi ces deux dernieres figures montrent la machine sous deux faces opposées.

Pompe du Réservoir de l'égoût. 1 *Planche.*

Elle a été construite sous l'administration de M. Turgot, qui a laissé aux bons citoyens la mémoire d'un homme excellent, qui a illustré le tems de sa prevôté des marchands par l'exécution de plusieurs entreprises utiles, qui a fait beaucoup de bonnes choses, & qui n'a pu faire toutes celles qu'il projettoit, & qui nous a laissé deux héritiers de sa belle ame & de son goût pour les objets grands, nobles & utiles. L'un est à présent intendant d'une province où il est adoré; & l'autre a eu le courage de renoncer à toutes les douceurs de la vie, pour aller jetter au-delà des mers les fondemens d'une législation qui peut rendre du moins une poignée d'hommes heureux; c'est celui que le ministere a choisi pour être intendant de Cayenne. Si toutes les qualités de l'ame, jointes à l'activité, à la fermeté, au bon esprit & aux connoissances, pouvoient assurer le succès, nous oserions en attendre le plus complet de sa généreuse tentative. Il se peut faire que les obstacles soient encore au-dessus de ses efforts, & qu'il revienne malheureux; il est certain du moins qu'il ne reviendra pas deshonoré.

La machine dont il s'agit, a pour objet la salubrité de l'air de la Capitale. Le réservoir en est situé au bas du boulevard. C'est delà qu'on s'est proposé de diriger avec célérité des eaux qui entraînent les immondices & balayent les principaux égoûts.

Ce réservoir a 35 toises de long sur 17 & demie de large, & 7 à 8 de profondeur, ce qui forme la capacité de 21121 muids 72 pintes d'eau, mesure de Paris.

Il est continuellement fourni par 8 à 9 pouces d'eau qui viennent de Belleville, & par deux équipages de pompes aspirantes à six corps de pompes mus par deux chevaux chacun. L'eau qui vient à fleur du réservoir y forme une nappe de 66 pouces. *V.* à l'article HYDRAULIQUE l'explication détaillée de cette machine dont nous allons simplement nommer ici les principales parties.

A, A deux maneges couverts. B B citerne ovale placée entre les maneges. C, C, C, C ses tuyaux aspirans. D, D traverses & entretoises qui soutiennent les tuyaux. E, E corps de pompes correspondans aux tuyaux aspirans. F basche qui en reçoit les eaux, & dont la rigole les décharge dans le réservoir. G, G tringles des aspirans. H, H manivelle à tiers-point. I, I cylindre horisontal où la manivelle est fixée. K, K lanterne verticale. L, L rouet horisontal, dont les dents sont reçues dans la lanterne. M, M arbre du rouet. N, pivot de cet arbre.

Fig. 2. La même machine vue latéralement. Dans la premiere les ouvertures des aspirans se présentent de face, ici ils se présentent de côté. Le reste suit cette coupe.

3. Plan de la machine coupée horisontalement à la hauteur de la basche.

4. Plan de la machine coupée par le bas des aspirans.

5. Plan de la machine coupée à la hauteur où les tringles des aspirans vont chercher les barres des pistons & où ces barres traversent le premier plancher.

Pompes pour les incendies, avec des pompes à bras. 1 *Pl.*

La pompe qu'on voit ici au haut de la Planche, est celle qui est en usage dans les Pays-Bas.

Fig. 1. A la pompe vue en perspective & en coupe.

2. B la même vue en plan. Nous allons expliquer ces deux figures à la fois.

C, C cloisons qui séparent le bac qu'on voit partagé en trois parties. On voit aussi les trous dont les cloisons sont percées. D retranchement où l'eau vient pure. E, E pompes foulantes. F, G passages à l'eau qui s'ouvrent & se ferment alternativement par le moyen de clapets. H trou d'où l'eau se rend & se réunit vers le sommet du récipient.

3. Boyau de cuir qui s'adapte au trou H, par le moyen d'une boîte de cuivre. H la boîte de cuivre. N l'ajutage.

3. Elévation de la même pompe. O ouverture saillante où s'adapte la boîte H de cuivre.

Bas de la Planche. Pompes à bras.

Fig. 1. Pompe à bras. Cette pompe est composée d'un tuyau de plomb BB. C extrêmité coudée de ce tuyau. D socle de bois sur lequel cette extrêmité porte. Cette extrêmité coudée est percée de plusieurs trous, & trempe dans l'eau d'un puits. E le puits où elle trempe. F barillet couvert d'une soupape ou clapet. G la soupape ou le clapet du barillet. H le piston. I clapet du piston. K anse de fer du piston. L verge de fer qui prend l'anse du piston. M bascule faite d'un levier & d'une poignée. N poignée de la bascule. O étrier de fer soutenu de la poignée. M, N les deux bras du levier. P gargouille par laquelle l'eau se décharge. Q cuvette de pierre où elle est reçue.

2. La même machine vue de profil.

3. R, S outils propres soit à asseoir, soit à retirer le barillet F, que les ouvriers appellent *le secret*.

4 & 5. La pompe de bois en coupe & en profil. Cette pompe appellée *hollandoise*, est la plus simple de toutes. C'est un tuyau d'aulne ou d'orme creusé. X clapet. Y tringle de bois. Z anse. *a a* bascule. *b* gargouille.

Cette pompe est d'usage dans les vaisseaux, les jardins. Il n'y a pas une maison en Hollande qui n'en soit pourvue.

Machine à épuiser les eaux d'une mine, d'un marais, &c. 2 *Planches.*

Cette Machine est de l'invention de M. Dupuis, Maître des Requêtes, & Intendant au Canada en 1725.

Cette Machine présentée à l'Académie, en a été approuvée, & M. de Maurepas en a ordonné l'usage aux travaux qui se font pour le Roi à Saint-Domingue.

PLANCHE Iere.

Fig. 1. Elle montre l'intérieur des coffres. A, B intérieur des coffres. C, C plate-forme mouvante & inclinée dans la caisse. D une des parois du coffre, entaillée circulairement & garnie de cuir. F, F clapets pratiqués à la plate-forme & donnant passage à l'eau. I, K tringle & chassis qui va rendre à la manivelle. G, H deux autres clapets que l'eau qui entre par les deux premiers fait ouvrir. L espece de hotte ou de cheminée où l'eau est forcée d'entrer, & d'où elle se rend à un réservoir.
2. La même Machine appliquée à l'épuisement d'une mine, comme on a fait à Pompéan, proche Rennes en Bretagne. On la voit établie pour cet usage.
3. La même Machine mue par la force de l'eau.
On n'a mis aucunes lettres de renvoi à ces deux figures, parce que la moindre intelligence de Méchanique suffit pour les faire entendre.
4. Montre le chassis séparé de la figure 1.

PLANCHE II.

Fig. 5. La même Machine mue par le moyen d'un cheval. A le manege. B rouet. C pivot du rouet. D lanterne recevant les dents du rouet. E manivelle. F, F, F, tringles avec leurs chassis. G, G, G hottes ou cheminées où l'eau se rend. H, H tuyau commun qui reçoit l'eau au sortir des hottes ou cheminées.
6. La Machine appliquée au desséchement d'un marais. C'est ainsi qu'il faut l'établir pour cet usage.
7. La Machine placée dans un puits avec une manivelle à bras.
On peut, avec la même Machine exécutée en grand, tous déchets défalqués, épuiser par jour 11520 muids d'eau.
On voit, *fig.* 7, la maniere de l'établir dans un puits.

Moulin à vent de Meudon. 1 *Planche.*

Ce Moulin est situé dans le Parc du Château de Meudon, près de la ferme de Vilbon.
On en voit tout le méchanisme intérieur dans cette Planche. C'est pour le montrer, qu'on a détruit tout autour la cage qui le renferme.
A A Portion du bâtiment rond qui en entoure le bas. Elle est en forme de glaciere. B B balustrade pour tourner autour & aller à une échelle tournante. L l'échelle tournante à laquelle conduit la balustrade, & qui conduit à la lanterne & au rouet C, C; D, D charpente d'entre-toises & moises, qui entretiennent l'arbre dans sa situation. E l'arbre. F lanterne horisontale. G rouet vertical dont les dents sont reçues dans les fuseaux de la lanterne horisontale F. H H cylindre qui sert d'axe aux ailes & qui est assemblé avec le rouet F. I, I, I les ailes. N gouvernail que le vent fait mouvoir. O O bascule pour arrêter le Moulin. M, M chaînette de fer qui tire ou serre le bout du frein fixé au rouet. P P citerne pleine d'eau. On la voit au bas de la Planche. Q, Q tringle tournant sur une matrice de cuivre servant d'œil, au travers de laquelle passe la tige d'une manivelle. R cette manivelle coudée. S, S chevalets tirés par la manivelle R. T, T tourillons des chevalets qui haussent & baissent pour lever les chassis & les tringles de quatre corps de pompes foulantes. V, V ces corps de pompes foulantes qui trempent dans l'eau d'un puisard. P ce puisard. X, X, X les tuyaux de plomb dans lesquels les pompes font monter l'eau. Y Y gros tuyau où se raccordent tous les autres, & qui conduit leurs eaux dans un réservoir commun qui par d'autres tuyaux les distribue aux fontaines & fournit le parc.

Machine de Nymphembourg. 2 *Planches.*

Cette Machine est de l'invention de M. le Comte de Whal, Directeur des bâtimens de l'Electeur de Baviere.
Elle est simple & très-bien entendue. Le produit en est apparemment proportionné à l'effet qu'on en exigeoit. Il auroit été plus grand, si la capacité des fourches avoit été proportionnée à celle des corps de pompe.

Elle est employée à élever l'eau à soixante pieds de hauteur.

PLANCHE Iere. & II.

Fig. 1, 2, 4. Pl. I. & les fig. 5, 6. Pl. II. montrent l'arbre, ses deux manivelles A, les tirans de fer B auxquels aboutissent les deux manivelles, les bras de levier D auxquels répondent les tirans de fer B, les deux treuils C que font mouvoir les leviers D, les six balanciers E attachés aux treuils.
2 & 4. Pl. 1. montrent séparément ces balanciers & leur action. Les balanciers E portent les tiges des pistons des pompes. Les tiges F des pistons de douze corps de pompe qu'ils portent. Les douze corps de pompes G. Ces douze corps sont partagés en quatre équipages.
1. 3. 4. Pl. 1. & fig. 5. Pl. 2. montrent ces équipages enfermés dans une basche. La basche I K. Les madriers H sur lesquels les corps de pompe sont arrêtés à vis. Les tuyaux de conduite R. fig. 6. Pl. 2.
3, 4. Pl. 2. & 5 & 6. Pl. 2. représentent les trois branches L de chaque équipage. Les fourches O auxquelles ces branches se réunissent. Les tuyaux montans P auxquels aboutissent les fourches. Les entre-toises N qui lient les pompes, avec les bandes de fer dont ces entre-toises sont garnies à leurs extrémités.
3. Pl. 1. montre séparément une des pompes avec sa branche, & le reste du détail relatif à cette partie de la Machine.

Moulin à vent qui puise l'eau, exécuté dans un jardin de Madame de Planterose, situé au Fauxbourg St. Sever à Rouen. 5 *Planches.*

Voyez l'article MOULIN dans le Dictionnaire sur les détails de cette Machine.

PLANCHE Iere.

La Planche premiere représente le plan de tout l'ouvrage.
A le tour de maçonnerie. E cuvette de pierre. F puits situé dans la tour. G entablement de charpente posé sur le puits & assujettissant le corps de pompe. D corps de pompe. H queue du Moulin. I cabestan portatif. K plan de ce cabestan. L pieu qui le fixe.

PLANCHE II.

Cette Planche montre l'élévation du Moulin vu du côté de la porte & des ailes.
A arbre du Moulin. On a imprimé dans le discours *Marbre*, corrigez cette faute. 75. Passage pour aller au levier. C. 22 contrepoids du levier. C levier. *n*, P, *m*, O ailes. *q, q, q, q*, arcboutans des ailes.

PLANCHE III.

Fig. 1. Coupe du Moulin & d'une partie du puits. On voit dans cette coupe la Machine entiere.
2. Plan d'un plancher qu'on voit fig. 1. n°. 60. Au centre de ce plancher est un trou qui donne passage à la barre de fer F. fig. 1. pour se rendre sur le bout du levier de la pompe G où elle est attachée en 8. 1, 2, 3, 4, 5, 6, ouvertures qui se font au plancher, en enlevant les planches qui portent ces chiffres, pour différens usages. *Voy.* l'article.
3. Plan d'un plancher mobile.
4. La barre de fer qui descend du levier D sur le levier de la pompe.

PLANCHE IV.

Fig. 1. est une des poutres qui portent sur l'ourlet, vue par-dessus.
2. Plan de toute la charpente qui est posée sur l'ourlet.
3. L'arbre tournant vu en toute sa longueur.

PLANCHE V.

Détails sur la Pompe.

Fig. 1. Vue de la Pompe en son entier.
2. Coupe de tous les corps de Pompe, dans l'intérieur desquels on voit la branche du piston & le piston même dans l'eau.
3. Développement du corps de Pompe.
Les autres figures, non cotées par chiffres, sont relatives à ce développement.

La Noria. 4 *Planches.*

PLANCHE I.ere

La Noria est une machine dont l'effet est d'élever les eaux du fond d'un puits. Elle est simple, peu dispendieuse, soit pour la construction, soit pour l'entretien. On conçoit qu'elle doit durer long-tems, & rendre un grand produit. Elle subsiste en Espagne de tems immémorial. On présume qu'il en faut attribuer l'invention aux Maures. Celle qu'on voit représentée dans nos Planches a été exécutée en grand; mais il seroit très-facile de la simplifier & de la réduire aux usages les plus communs, sur-tout à l'arrosement des jardins, potagers, marais, &c.

Imaginez un équipage ordinaire A, B, C, Pl. I. conduit par un cheval. Les fuseaux verticaux *d* de la roue horisontale C prennent en tournant les extrêmités saillantes *e* des barres d'assemblage des deux portions circulaires de la roue verticale FFF, & la font tourner verticalement. Sur cette roue verticale FFF, passe un chapelet de godets de terre, *g, g, g*, &c. contenus entre des cordes d'écorce, comme nous le dirons ci-après. Ces godets *g, g, g* sont conduits au fond du puits HHH, ils s'y remplissent d'eau, en y entrant, par leur côté ouvert. Lorsqu'ils en sont remplis, comme ils prennent en remontant une position renversée de celle qu'ils avoient en descendant, leur ouverture est tournée en haut & ils gardent l'eau qu'ils ont puisée, jusqu'à ce qu'ils soient amenés par le mouvement à la hauteur de la roue F. Alors à mesure qu'ils montent sur cette roue, ils s'inclinent; quand ils sont à son point le plus élevé, ils sont horisontaux; & quand ils ont passé le point le plus élevé, leur fond commence à hausser, & leur ouverture à s'incliner; & lorsque les cordes sont tangeantes à la roue, cette ouverture est tout-à-fait tournée vers le fond du puits. Dans le passage successif de chaque godet, par ces différentes situations, ils versent leur eau, à travers les barres de la roue F, dans l'auge ou basche KK placé au dedans de cette roue, comme on le voit, au dessus de l'arbre, ne tenant, comme il est évident, ni à l'arbre, ni à la roue; car il faut que la roue tourne & que le basche soit immobile. Ce basche est donc fixé latéralement à l'orifice supérieur du puits, lorsqu'il est de bois; on peut l'y pratiquer en pierre. Il y a à cet auge ou basche une rigole qui conduit les eaux versées des godets dans la capacité du basche, à l'endroit destiné pour les rassembler. Voilà en général la construction & l'effet de la Noria. Nous allons maintenant entrer dans quelques détails sur ses différentes parties. G, G, G sont des portions de voûtes qu'on a pratiquées à certaines distances de la hauteur du puits, pour en rendre la maçonnerie plus solide. Elle divise la circonférence intérieure & elliptique du puits en deux portions, chacune semi-elliptique, par l'une desquelles le chapelet de godets descend, pour remonter ensuite par l'autre. On a dans cette même Planche première deux coupes verticales du puits. La seconde coupe K, L, M montre l'eau L, & le radier M placé au fond du puits & servant d'assiette à la maçonnerie.

PLANCHE II.

Fig. 1. L'équipage & les roues avec le reste de la Machine sous un autre point de vue. La coupe du puits est toujours verticale; mais ici on voit comment les fuseaux de la roue C prennent les extrêmités *e e e* des barres de la roue F. On a les godets en face, les voûtes se discernent.

2. est la coupe correspondante à celle de la fig. 1. de cette même Planche.

3. est le plan de la capacité du puits, vu de son ouverture vers le fond.

4. est le plan du radier regardé de l'ouverture du puits.

PLANCHE III.

Fig. 1. Montre la roue qui conduit le chapelet de godets. *e e e* sont les extrêmités saillantes des barres que les fuseaux de la roue horisontale de l'équipage prennent pour la faire tourner verticalement. FFF sont les portions ceintrées qui forment cette roue. O, O, O sont les barres écartées les unes des autres entre lesquelles les godets viennent se reposer lorsqu'ils montent pleins d'eau. Les chevilles *s, s, s*, qu'on voit & qui peuvent avoir leurs correspondantes à chacun des autres bouts des barres ou fuseaux de cette roue, seroient très-bien employées à entrer dans des trous ou mailles pratiquées à chaque côté & entre chacune des deux cordes qui forment à chaque côté la chaîne qui suspend tous les godets. Par ce moyen, quelle que fût la capacité des godets, leur poids, le poids de l'eau élevée, le poids de la corde, le chapelet ne seroit point exposé à demeurer immobile & à laisser tourner sous lui la roue qui doit l'entraîner. Les chevilles *s, s, s*, entrant dans ces trous ou mailles entraîneroient nécessairement le chapelet, quand il remonte, & s'échapperoient sans peine de ces trous ou mailles pour le laisser redescendre librement. A l'aide de ces chevilles, on simplifieroit aisément toute cette roue & tout le jeu de la Machine.

2. montre l'auge ou le basche qui reçoit les eaux au sortir des godets, avec sa rigole R pour la conduire où l'on desire. On voit les treteaux TT sur lesquels il est porté, & le demi-ceintre qui forme sa face hors du puits & qui empêche l'eau en tombant d'éclabousser.

PLANCHE IV.

Les fig. 1. & 2. montrent des portions de l'équipage qui font aller la Noria.

Fig. 1. est le bras de levier que le cheval conduit & auquel il est attelé par le palonnier que ce bras de levier porte à son extrêmité.

2. montre la roue qui mene, celle que nous avons appellée a chapelet; elle n'a rien de particulier.

3. est une portion du chapelet. *a, b; a, b* sont des grosses cordes d'écorce, de chacune desquelles partent deux moindres cordes *d, d; d, d*, qui embrassent le godet par sa portion étroite & son col. *c, c* sont deux godets suspendus entre ces cordes. C'est entre chacune de ces grosses cordes qu'il seroit facile de former avec d'autres cordes des trous ou mailles pour l'usage que nous avons indiqué ci-dessus.

4. est la coupe verticale d'un godet. On a pratiqué à l'extrêmité *g, g, g*, fig. 4 & 3, de chaque godet un petit trou par où l'eau contenue dans les godets puisse s'écouler & retomber dans le puits, quand la Machine est arrêtée. Sans cette précaution, l'eau qui resteroit dans ces godets se corromproit par un long séjour, infecteroit les godets, & chargeroit inutilement la Machine par son poids. A l'aide de cette petite ouverture, les godets se vuident successivement les uns dans les autres de bas en haut, & demeurent bientôt à sec. Et il ne faut pas imaginer que, quand la Machine travaille, il arrive un grand déchet de son produit par ces petites ouvertures; il est évident que le plus élevé répare la perte de celui qui est immédiatement au-dessous dans lequel son eau est reçue, celui-ci la perte du suivant, ce troisieme la perte d'un quatrieme, & ainsi de suite jusqu'au dernier qui est le seul dont l'eau retombe dans le puits. Il faut convenir que cette précaution d'avoir percé les godets par le fond est très-essentielle & très-ingénieuse. Tous ces godets étant de terre, s'il arrive qu'il s'en casse un, c'est un accident qui n'est ni dispendieux, ni difficile à réparer, sur-tout dans les campagnes où l'on a communément à proximité des fours à tuile & à poterie. Les cordes étant d'écorce coûtent

peu. Toute la Machine peut être réparée par le feul propriétaire. D'où nous concluons qu'elle eft préférable à celles que nous employons à fon ufage.

Canal & Eclufes. 1 Planche.

Fig. 1 & 4. une Eclufe. N M hauteur des murs. 24. 13. les portes. fig. 1. A *b*, C *a* longues barres pour ouvrir & fermer les portes.

2. G, H; K, F canaux fouterrains. G, H canal à lâcher l'eau du canal fupérieur D dans le corps de l'Eclufe. D G, pelle qu'on leve pour lâcher l'eau.

3. Le canal G H ouvert en G. Le canal K F fermé en K. B canal inférieur où s'écoule le canal K F.

Ces figures fervent auffi à montrer le jeu des Éclufes. *Voyez* là-deffus dans l'ouvrage l'article CANAL.

Pompe à feu. 6 Planches.

Les explications que nous allons donner de ces Planches feront fuccintes; parce qu'on trouvera le détail le plus complet de chacune des figures qui les compofent à l'article du Dictionnaire FEU. L'homme recommandable par fa bienfaifance & par fes talens à qui nous devons ce morceau & plufieurs autres, eft M. Perronet, un des Infpecteurs Généraux des ponts & chauffées, & le Chef de l'Ecole à Paris.

La Machine dont il s'agit ici, eft celle qui a été employée au bois de Boffu, proche Saint-Guilain, en la Province du Hainault Autrichien.

PLANCHE Iere.

Des pompes afpirantes & foulantes qui élevent l'eau du puits, avec leurs dimenfions.

Fig. 1. eft le plan du rez-de-chauffée; on y voit les bafches. La galerie où circule la fumée du fourneau. La maçonnerie fur laquelle eft placé le réfervoir provifionnel, fig. 1. 2. & 3. La citerne fig. 2. avec fa décharge.

2. eft une coupe horifontale du fourneau prife fur la ligne 1 & 2. fig. 7 & 8.

PLANCHE II.

On confultera cette Planche fur la fituation de l'alambic & du fourneau dans le bâtiment qui renferme la Machine.

On verra, *fig.* 3, une coupe horifontale du fond de l'alambic:

Un efcalier pour defcendre à l'endroit où eft le fourneau, *fig.* 1 & 2.

Les deux tuyaux qui fervent à éprouver la hauteur de l'eau dans l'alambic, *fig.* 5.

Le détail des pieces qui font jouer le régulateur en plan.

La *fig.* 3. montre le plan du premier étage.

La *fig.* 4. le plan du deuxieme étage.

La *fig.* 5. le plan du chapiteau de l'alambic.

PLANCHE III.

Les figures de cette Planche font relatives

Au Balancier, qui eft une des principales parties de la Machine; aux jantes qui l'accompagnent, aux chaînes, au pifton du cylindre, au grand chevron, au bafche, à la jante qui fait agir le régulateur & le robinet d'injection, à la chaîne à couliffe qui fert à ouvrir & fermer le robinet d'injection, & à mouvoir le régulateur; à la cuvette.

La *fig.* 6. eft le plan du troifieme étage de la Machine.

Les *fig.* 23. 24. 25. 26. montrent la conftruction des piftons, les chevrons à reffort qui limitent le mouvement du balancier, la conftruction des parties qui appartiennent au régulateur ou au diaphragme. *Voyez* là-deffus les *fig.* 12, 13, 14, 15, 16.

PLANCHE IV.

Les figures de cette Planche fervent auffi d'éclairciffement, & font pareillement relatives

Au Balancier, à fes jantes & à leurs actions, utilités & dimenfions, aux chaînes, au pifton du cylindre, au grand chevron, au bafche, à la jante qui fait agir le régulateur & fon robinet d'injection, à la chaîne à couliffe qui ouvre & ferme le robinet d'injection, & meut le régulateur; à la pompe refoulante, à fon tire-bouts, & aux dimenfions du tire-bouts; à la pompe afpirante, aux bafches.

Cette Planche montre encore la manœuvre d'un relai, & fert à faire concevoir la fituation du balancier, quand la Machine ne joue pas.

On y voit ce balancier dans fa fituation naturelle qui eft de s'incliner vers le puits.

Les chevrons à reffort qui limitent fon mouvement, le cylindre avec fes dimenfions, les deux trous oppofés dont il eft percé, & leur ufage; le fond du cylindre & fa conftruction, la fortie ou évacuation de l'eau d'injection, le pifton du cylindre & fon jeu. La Planche entiere eft une coupe verticale de la Machine fur la ligne A B. La maniere dont l'eau de la cuvette d'injection s'introduit dans le cylindre. Le réfervoir provifionnel. La conftruction de la chaudiere qui forme le fond de l'alambic. La conftruction du chapiteau de l'alambic. Le fort du fourneau, la grille, le cendrier, *&c.* en profils. La maniere dont on évacue la vapeur de l'alambic pour arrêter la Machine. Le réfervoir provifionnel fait de madriers doublés de plomb. La maniere dont l'eau d'injection fort du cylindre. Le détail des pieces qui appartiennent au robinet d'injection.

PLANCHE V.

On y voit le balancier dans fa fituation non naturelle ou forcée, qui eft de s'incliner de l'autre côté du puits.

C'eft cette Planche qu'il faut confulter avec la précédente fur la defcription du cylindre & de fes dimenfions;

Sur l'ufage des deux trous oppofés dont il eft percé. Sur la defcription du fond du cylindre. Sur la maniere dont l'eau d'injection s'évacue par le fond du cylindre. Sur la conftruction & le jeu du pifton du cylindre. Sur l'entrée de l'eau de la cuvette d'injection dans le cylindre. Sur le robinet & la clé. Sur la conftruction de la chaudiere qui forme le fond de l'alambic, & fur fes dimenfions. Sur la conftruction du chapiteau de l'alambic. Sur le fond du fourneau, la grille, le cendrier. Sur la ventoufe qui donne iffue à la vapeur quand elle eft trop forte. Sur les tuyaux qui fervent à connoître la hauteur de l'eau dans l'alambic. Sur le rameau d'évacuation. Sur le tuyau nourricier, & fur la maniere dont partie de l'eau d'injection paffe dans l'alambic & fupplée au déchet caufé par la vapeur. Sur la conftruction du tuyau nourricier. Cette Planche eft encore une coupe verticale fur la ligne C B, où l'on voit la fituation du pifton.

PLANCHE VI.

Fig. 22. Les pieces liées qui forment le chevron auquel font fufpendus les autres chevrons qui foutiennent les piftons.

17, 18 & 19. Les plans & profils du pifton du cylindre, & la conftruction du pifton.

Il faut auffi confulter cette Planche fur l'injection, le robinet & fa clé.

Détail des pieces qui font jouer le régulateur, *fig.* 20. où on le voit en perfpective.

La maniere dont le chevron pendant fait agir le régulateur & le robinet d'injection.

La maniere dont le mouvement fe communique au régulateur.

Détail des pieces qui appartiennent au robinet d'injection.

Fontaine filtrante. 1 Planche.

Fig. 1. La fontaine vue pardevant en élévation. Q robinet qui fournit l'eau de la grande divifion, telle qu'elle a été mife dans la fontaine. M robinet qui fournit l'eau de la feconde divifion clarifiée une fois. L robinet qui fournit l'eau de la troifieme divifion clarifiée deux fois.

2. Elévation latérale de la fontaine.

3. Vûe perfpective de l'intérieur de la fontaine.

4. Plan de la fontaine.

5. Développement du couvercle du coffret à fable. A partie fupérieure du coffret. B couvre-fable. C couvercle du coffret.

OPTIQUE.

OPTIQUE. 6 *Planches.*

PLANCHE Iere.

Les *fig.* 1. 2. 3. 4. ont rapport aux *verres* & aux *lentilles*.
5, 6, 7, 8, 9. aux *couleurs* & à ce qui les produit.
9. n°. 2. est un *œil artificiel*.
10. est une *lanterne magique*.
11. a rapport à ce qu'on nomme *foyer virtuel* des rayons.
12, 13, 14, 15. ont rapport aux *ombres* des corps.
16 & 17. ont rapport à la *chambre obscure*.

PLANCHE II.

Fig. 18, 19 & 19 n°. 2. ont rapport à la *boîte catoptrique*.
20. (ajoutée) à la *distance apparente* des objets.
21, 21 n°. 2. 22, 23, 24, 25. aux *microscopes* simples ou composés.
25. n°. 2. au mot *réfléchissant*.
26. aux mots *réflexion, miroir & inclinaison*.
27, 28, 29 & 29 n°. 2. à la théorie des *miroirs*.

PLANCHE III.

Fig. 30, 31, 32, 33, 34, 35, 36, 37. ont rapport à la théorie des miroirs; la *fig.* 30 est ajoutée.
38, & 38 n°. 2. toutes deux ajoutées, & tirées de Wolf, ont rapport à la théorie des miroirs.
39. a rapport aux *pinceaux de rayons*.
40, 40 n°. 2, & 40 n°. 3. à l'*inégalité optique*. Les deux dernieres sont ajoutées.
41, 42, 43, 44. à la théorie des *télescopes*.
45 n°. 2. à la théorie de *l'arc-en-ciel*.

PLANCHE IV.

Fig. 45 n°. 2. a rapport aux *télescopes catoptriques*.
46, 47, 48, 49. à la théorie de l'*arc-en-ciel*.
46. n°. 2. au *télescope aërien*.
50. au *prisme optique*.
51 & 52. au mot *visible*.
53, & 53 n°. 2. à la théorie de la *vision*. La derniere est ajoutée & tirée de la dissertation de M. de la Hire sur les accidens de la vûe.

PLANCHE V.

Fig. 54. a rapport à la *réflexion*.
55. à la *réflexibilité* des rayons.
56, 57, 58, 59, 60, 61, 62, 63, 64, 65. à la *réfraction* des rayons de lumiere.
65. n°. 2 & n°. 3. toutes deux ajoutées, ont rapport aux principes de la *Dioptrique* sur le lieu apparent.

PLANCHE VI.

Fig. 65. n°. 4. a rapport à la *réfrangibilité* des rayons.
66. au même objet.
66. n°. 2. & n°. 3. tirées des Mém. de l'Acad. 1738, ont rapport à la *diffraction* des rayons.
67. à l'*horoptere* des Opticiens.
68. au *lieu optique*.
69. à l'*angle optique*.
70. est un *polemoscope*.
71, 72. ont rapport aux *polyhédres optiques*, ou verres à facettes.
73. est un *polyoptre*.

Supplement.
Deux Planches.
PLANCHE Iere.

Fg. 1, 2 & 3, servent à expliquer l'effet des soufflures du verre par rapport à la réfraction de la lumiere.
4. Machine pour tailler les lentilles paraboliques, hyperboliques & elliptiques. *a a*, *b b*, *c c*, *d d*, chassis. *e*, *f*, *g*, *h*, *i*, *k*, *l*, *m*, *n*, *o*, *p*, *q*, vis.
5. Boëte dans laquelle entre le chassis. *a*, vis qui porte la poupée *y z*, (*fig.* 4.) sur laquelle le verre est posé. *b*, la roue.
6. *a*, *b*, *c*, cône de bois. *d*, *e*, *f*, section du cône. *g*, *h*, *i*, lame d'acier qui supplée à ce que la scie a emporté.
7. Microscope solaire, composé d'un miroir A qui, par le moyen de la vis S H qui le soutient en 7, s'incline plus ou moins pour recevoir les rayons du soleil; d'une grande lentille B, qui reçoit les rayons réfléchis par le miroir; & d'un tube C, où est enfermé l'objet que le microscope doit grossir. A l'extrémité E, on adapte le second tube G E qui, au bout F, porte une petite lentille. Ce second tube s'enfonce plus ou moins dans le grand foyer jusqu'à une juste distance du foyer de la seconde lentille. Il en est de même du tube D, qui entre aussi à volonté dans le tube C.

Fig. 8 est un diagramme, qui explique l'effet de ce microscope solaire.

PLANCHE II.

Fig. 1. Diagramme du microscope de Newton.
2. Diagramme du microscope à réflexion, inventé par M. Barker.
3. Le microscope monté, qui peut servir aussi de télescope grégorien.

FABRICATION des instrumens de Mathématique. 3 *Planches.*

PLANCHE Iere.

La vignette représente l'intérieur de l'attelier de ces sortes d'Artistes, & quelques-uns de leurs principaux outils & de leurs principaux ouvrages.

Fig. 1. Ouvrier qui fait chauffer une barre d'acier à la forge. A B C bascule du soufflet. D le soufflet. *f* bigorne. *r* le billot de la bigorne posé sur un coussin ou rond de natte. *p q* marteaux à panne & à tranche, auprès de l'enclume ou tas monté sur son billot.

2. Ouvrier qui applique une planche de cuivre sur le marbre à dégauchir, & s'assure qu'elle porte partout. Sur un établi à côté *a* l'étau. *b* l'archet. *c* graphometre non fini. *e* lime. *d* petit tas d'établi sur un autre établi, proche de la fenêtre, qui sert de banc de tour, les deux poupées *f* & *g*. *k l* corde de la perche que l'on réunit à la corde de la pédale *h*. *l m* la perche. *m* le piton qu'elle traverse.

Bas de la Planche.

3. Compas à verge servant à diviser, au-dessous le développement du compas. A poignée de l'index. B cadran vu par sa partie postérieure. C G la vis. C D quarré de la vis qui entre dans l'index. D E collet de la vis. E F partie taraudée de la vis qui est reçue dans l'écrou L. H K partie de la verge du compas, où l'on voit la place de la vis & celle de l'écrou. M N O la boîte. M côté de la boîte qui reçoit intérieurement l'écrou L, extérieurement la partie quarrée postérieure du cadran. N trou taraudé qui reçoit la vis de pression S. O vis de compression pour assujettir le tenon P de la pointe P R dans la partie inférieure de la boîte.

4. Ecarrissoir pour rendre perpendiculaire au plan des instrumens de Mathématique, les trous qui en traversent l'épaisseur & leur servent de centre. A B écarrissoir à huit pans. B disque dont le plan a été tourné sur l'écarrissoir qui lui a servi d'arbre. C partie qu'on saisit avec la tenaille à vis.

5. Plateau sur lequel on lime différentes pieces de cuivre. Il est de bois, la surface supérieure en doit être exactement dressée; à l'inférieure est une tringle de bois quarrée qui est saisie entre les machoires de l'étau où le plateau est affermi. On fixe les pieces à limer sur le plateau, en les entourant de quelques petits clous de même métal qu'elles.

6. Filiere à charnon. A B la filiere percée de plusieurs trous lisses & un peu coniques, qui vont en diminuant de A vers B. D E une lame de cuivre qui a déja passé par quelques-uns des trous de la filiere; elle est enroulée sur une meche de fil de fer dont on voit une partie en C D. La partie E de cette espece de tuyau de cuivre est saisie par des tenailles F, qui, au moyen de la corde F G qui se rend à un banc d'orfevre, tire le fil avec la meche à travers les trous de la filiere, & l'arrondit.

7. Partie de la lame de cuivre dont le fil de charniere est formé. A B la meche. C D la lame qui recouvre la meche.

PLANCHE II.

Fig. 8. Plate-forme vue en perspective. C le centre de la plate-forme. D E le limbe. F G limbe de bois dans lequel la plate-forme peut tourner. A pivot de la plate-forme. Cette plate-forme sert à diviser toutes sortes d'instrumens en degrés.

9. Profil de la plate-forme coupée par un plan vertical passant par le centre. D E coupe du limbe. F G coupe du limbe de bois. H K liens qui empêchent la plate-forme de se voiler. A noyau qui reçoit le pivot.

10. Trois centres pour servir à la plate-forme & à la construction de différens instrumens, ils ont chacun trois parties, l'inférieure A est applatie, on la saisit avec la tenaille à vis pour introduire le centre dans le trou C de la plate-forme. La partie A B un peu conique remplit exactement ce trou ; elle est de même grosseur aux trois centres. La partie B C est cylindrique & d'un moindre diametre que la précédente ; c'est cette partie qui déborde au-dessus du plan de la plate-forme, & qui est reçue dans les trous des pieces que l'on divise sur cette machine.

11. Alidades. La premiere porte un arc circulaire à son extrêmité pour y pouvoir pratiquer la division de Nonius. *a* le centre de l'alidade qui reçoit la partie supérieure d'un des centres *fig.* 10. *b c* ligne de foi de l'alidade. *d e* arc. *f, g* biseau de l'arc sur lequel on pratique la division de Nonius ; l'autre alidade est simple. *h k* piece quarrée de cuivre qui sert de centre à l'alidade. *k l* lame d'acier dont une des rives *k l* sert de ligne de foi.

12. Pivot de la plate-forme. *a* tourillon du pivot qui est reçu dans le trou A *fig.* 9. *b* moulure. *b c* partie cylindrique du pivot. *c d* partie taraudée qui est reçue dans l'écrou *e*, après que la partie inférieure *b d* a traversé les croisées du pié de la plate-forme.

13. Traçoirs. Ce sont des lames d'acier affûtées comme les ciseaux des ouvriers en bois. Le premier est vu du côté qui s'applique à l'alidade, le second du côté qui s'applique sur la pierre, quand on affûte l'outil.

14. Plan de la plate-forme vue par-dessus. Dans un des quarts on voit l'enrayure de l'armature qui l'affermit. Cette enrayure est marquée par des lignes ponctuées.

PLANCHE III.

Fig. 15. Plan d'une machine à tarauder les roulettes, au lieu de laquelle on peut aussi se servir d'une filiere double ordinaire. B K chassis de fer ou de cuivre, dans les faces intérieures opposées duquel on a pratiqué des rainures. A C L H vis de pression dont les têtes sont tournées & goudronnées. C D H G coussinets qui portent les roulettes à tarauder. E F le taraud.

16. Profil de la même machine. F quarré qui est reçu dans le trou N de la clé *fig.* 17. M bossage qui est saisi latéralement par l'étau, quand on se sert de la machine.

17. La clé.

18. Roulettes emmanchées. La premiere vue en plan, la seconde en profil. On y distingue les cannelures qui servent à tracer les goudrons, quand on se sert de la roulette.

19. Tour en l'air, armé d'un mandrin sur lequel est montée une piece d'ouvrage A, tel, par exemple, qu'un couvercle de lunette, sur la moulure ou torre duquel il s'agit de pratiquer un goudron ; pour cet effet on présente la roulette C B, en sorte que sa cavité reçoive la moulure que l'on se propose de cordonner ; on comprime fortement cette moulure, appuyant en même tems fortement la fourchette de la roulette sur le support du tour.

PHYSIQUE.

PHYSIQUE. 5 *Planches.*

PLANCHE Iere.

Les *fig.* 1 & 2 représentent deux grandes aurores boréales ; elles sont tirées du livre de M. de Mairan sur cette matiere.

PLANCHE II.

Fig. 3 & 4, tirées de Musschenbrock, ont rapport aux *trombes* de mer.

5, 6, 7, &c. jusqu'à la 23e. inclusivement, sont tirées des *miscellanea berolinensia* Tom. VI, & représentent les différentes figures des parties de la *neige*.

24 & 25, tirées de Musschenbrock, sont des *diables cartésiens*.

26, tirée du même Auteur, est un *digesteur*, ou machine de Papin.

28. est un *éolipile*.

29. a rapport aux *échos*.

PLANCHES III. & IV.

Cette Planche & la suivante ont rapport aux articles *aimant, aiguille* & *boussole* dans l'Encyclopédie.

PLANCHE V.

Fig. 64, 65, &c. jusqu'à 74 inclusivement, ont encore rapport aux articles *aimant, aiguille* & *boussole* de l'Encyclopédie.

75, 76 & 77, tirées des Mém. de l'Acad. des Sciences, ont rapport à l'*électrometre*, ou machine inventée par MM. d'Arcy & le Roi pour mesurer l'électricité.

78 & 79. ont rapport aux *fontaines*.

Supplement.

Trois Planches.

PLANCHE Iere.

Fig. 1. Machine inventée par Musschenbroek, pour représenter aisément & clairement les phénomenes de l'arc-en-ciel.

2. La même machine, vue par derriere.

3 & 4. Hygrometre, de l'invention de M. Ferguson. A A A A, (*fig.* 3.) chassis de menuiserie, dans lequel est emboîté un panneau de bois blanc. C C, endroit où il déborde. F, goupille à laquelle les roues H & G sont suspendues. L, autre poulie sur laquelle passe la corde I K. M, autre poulie. N, plomb suspendu au bout de la corde I K. A A, (*fig.* 4.) plaque graduée qu'on attache derriere le chassis. B, le style.

5. Nouveau ventilateur.

PLANCHE II.

Fig. 1. Expérience appliquée à l'effet de la commotion. *Voyez* COMMOTION.

2. Plan d'un cerf-volant.

3. A rapport à la force d'inertie.

4. Electrometre, inventé par M. Lane. A, vaisseau de verre cylindrique de six pouces de long & de seize de circonférence, qu'on a substitué au globe. B, la roue dont chaque révolution fait tourner quatre fois le vaisseau cylindrique. C, le conducteur. D, phiole bouchée. E, fil de cuivre qui aboutit à une plaque mince sur laquelle la phiole est posée. F, pilier de l'électrometre. G, cylindre de cuivre en-

châssé dans le pilier. H, vis qui sert à l'arrêter. I, rainure dans laquelle coule la vis pour hausser ou baisser l'électrometre selon la hauteur des phioles. K, hémisphere de cuivre poli qui tient au conducteur. L, vis d'acier qui passe par le haut du cylindre, dont les pas sont espacés d'un vingt-quatrieme de pouce. M, globe de cuivre poli qui tient à la vis L. N, échelle dont les divisions marquent les tours de la vis. O, plaque circulaire qui se meut avec la vis, & dont chaque tour répond aux divisions de l'échelle. Elle est divisée en douze parties égales.

Les *fig.* 5, 6, 7, 8 & 9, appartiennent à l'*article* PESE-LIQUEUR, & y sont suffisamment expliquées.

PLANCHE III.

Cheminée - poële.

Fig. 1. Elévation d'une cheminée vue de face, dans laquelle on a pratiqué un poële.
2. Coupe de la même cheminée.
3. Plan de la même cheminée.
4. Chassis de fer de la longueur & de la largeur du tuyau de la cheminée (qu'on voit de profil à la *fig.* 2.), avec ses deux soupapes.
5. Vue en face des différens mouvemens nécessaires au jeu des soupapes.
6. Elévation d'une cheminée-poële dont les portes s'ouvrent en coulisses.

PNEUMATIQUES. 3 *Planches.*

PLANCHE Ire.

Les *fig.* 1, 2, 3, 4, 5, 6. ont rapport aux *barometres*. La *fig.* 6 est ajoutée & tirée de Musschenbrock.
3, n°. 2. aux *thermometres* ; ainsi que la *fig.* 4 n°. 2, & la *fig.* 5 n°. 2.
6, n°. 2. au *tube de Torricelli.*
7, 8, 9, 10, 11, 12, 13. aux hygrometres de différente espece.
14, ajoutée & tirée de Musschenbrock, représente l'*arquebuse à vent.*

PLANCHE II.

Fig. 15. a rapport à la théorie des *moulins à vent.*
16 & 16 n°. 2, dont la seconde est ajoutée & tirée des Mémoires de l'Acad. des Sciences de 1740, ont rapport aux différentes especes de *machines pneumatiques.*
16 n°. 3 & n°. 4, toutes deux ajoutées, & la derniere tirée de Musschenbrock, ont rapport aux *cabinets secrets* & aux *porte-voix.*

PLANCHE III.

Fig. 17, ajoutée & tirée de Musschenbrock, représente un *anémometre.*
18 & 19. ont rapport à l'*aréometre* ou *pese-liqueur.*
20. à la *congélation.*
21. à la théorie des barometres.
22. ajoutée & tirée de Musschenbrock, est une *pompe* ou *machine à feu* en petit.

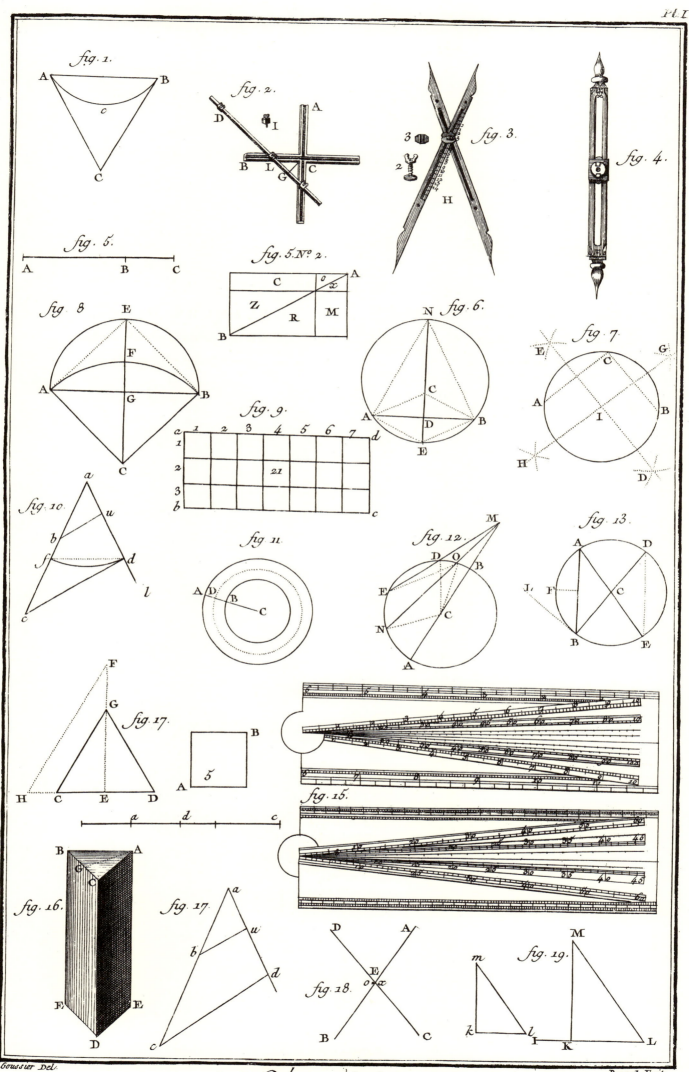

Géométrie.

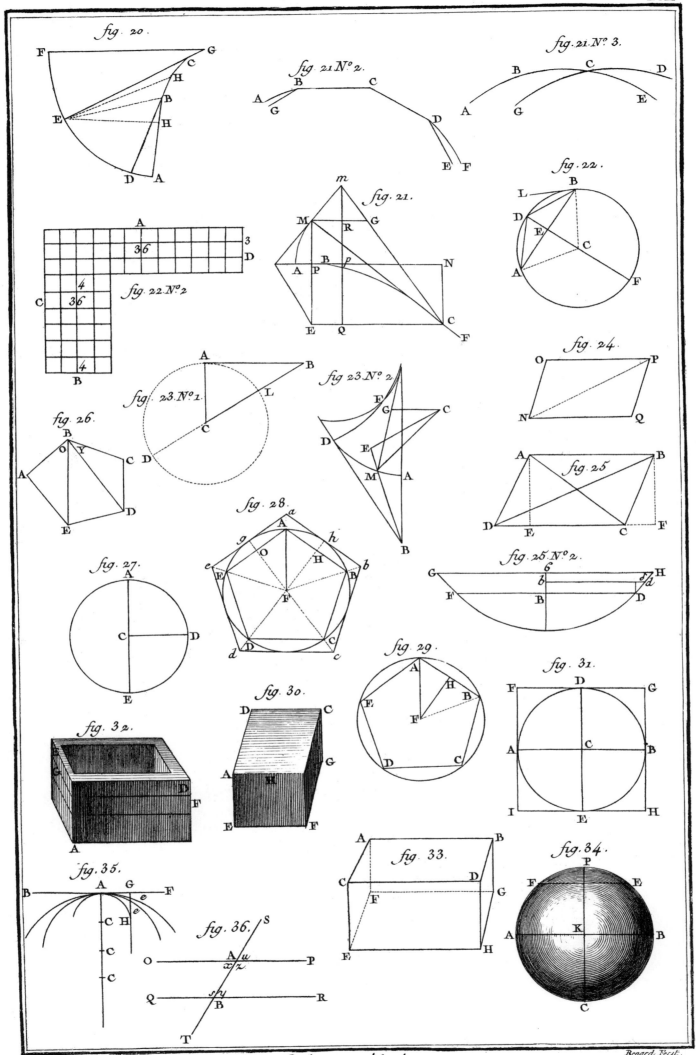

Géométrie.

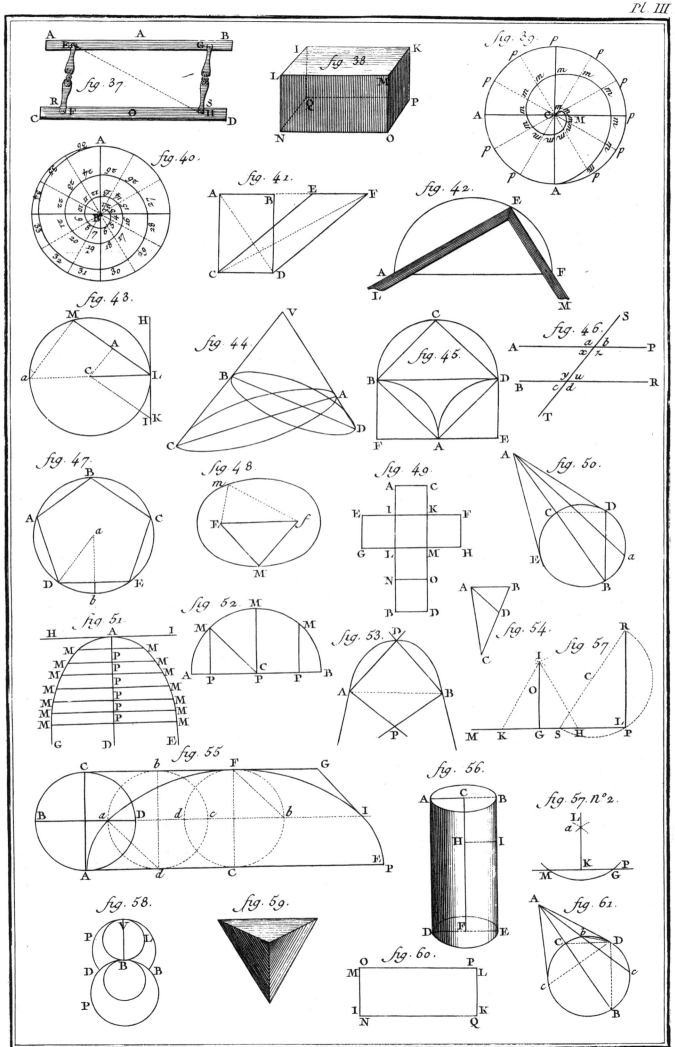

Géométrie.

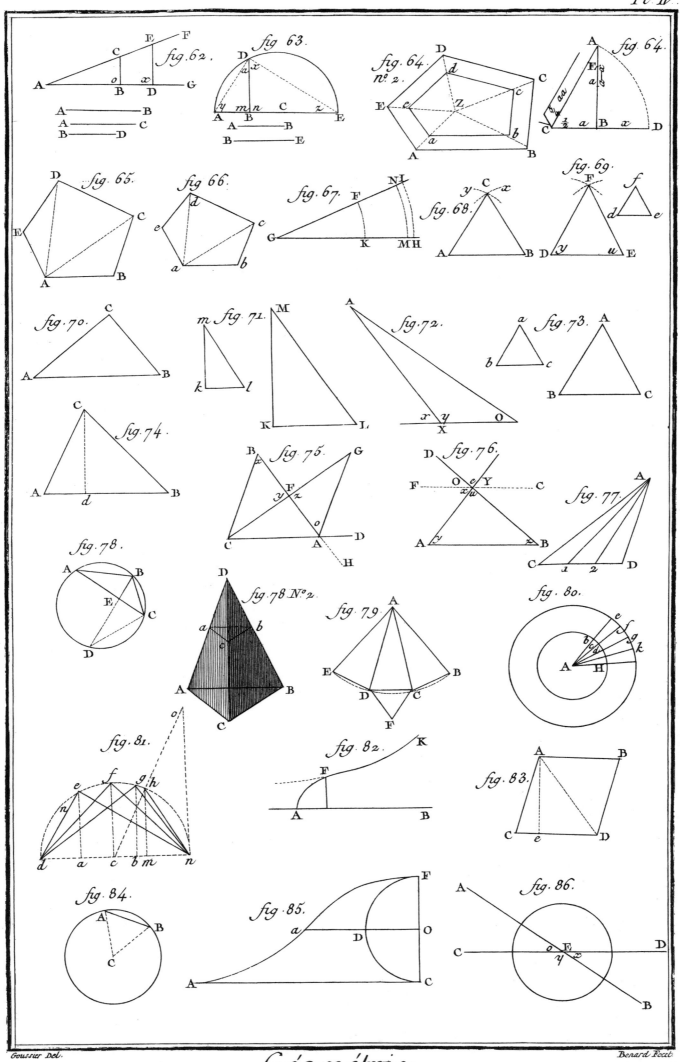

Géométrie.

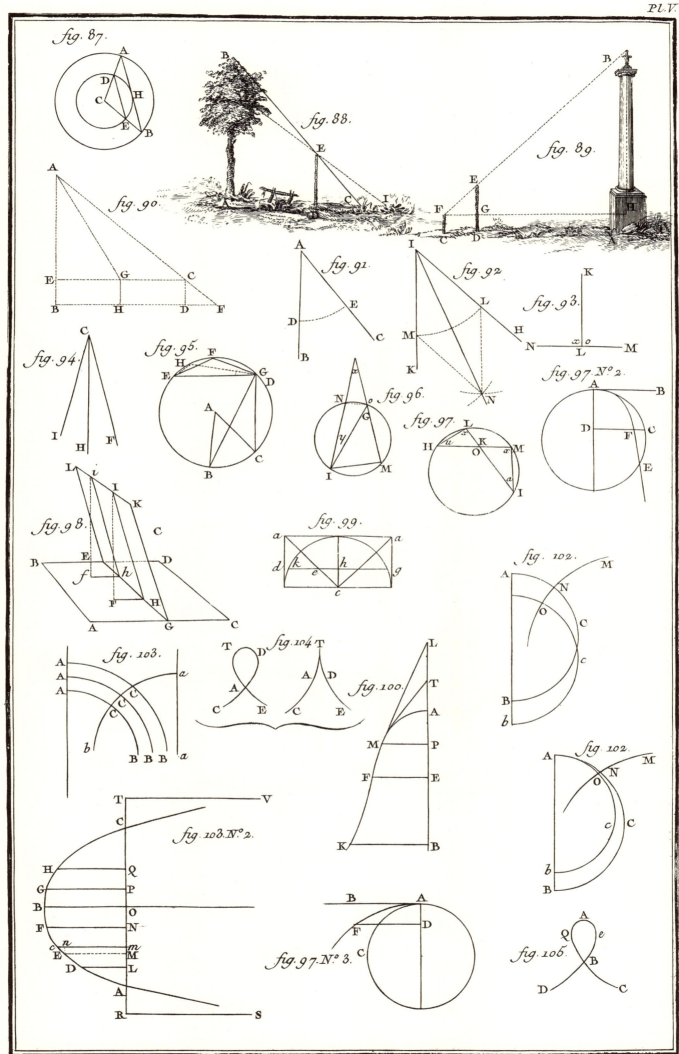

Géométrie.

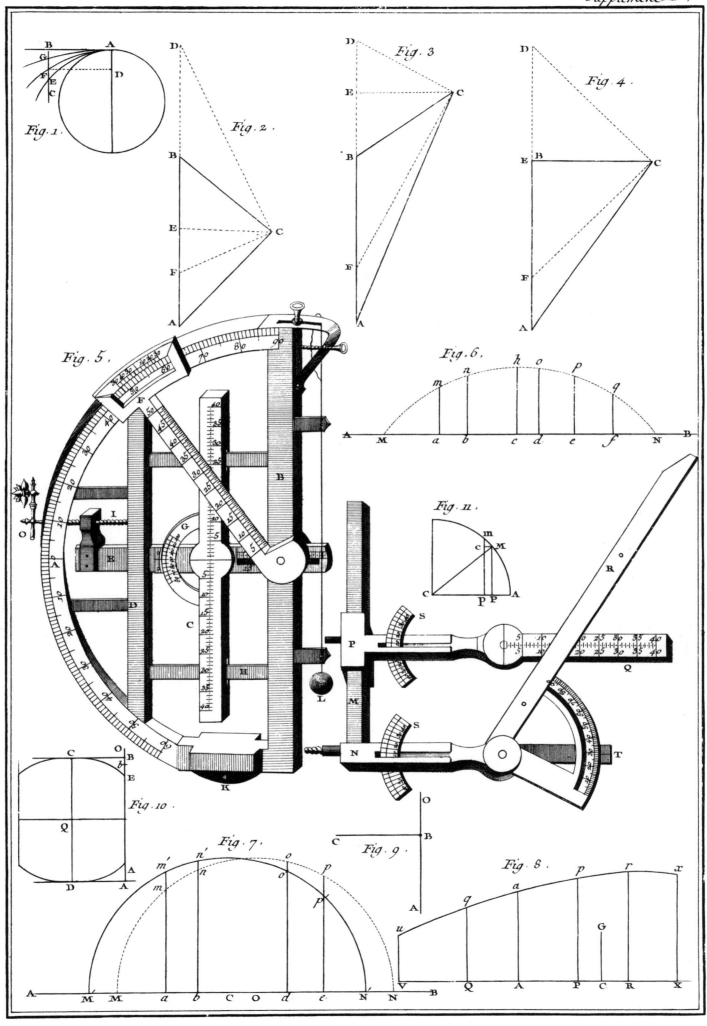

Géométrie

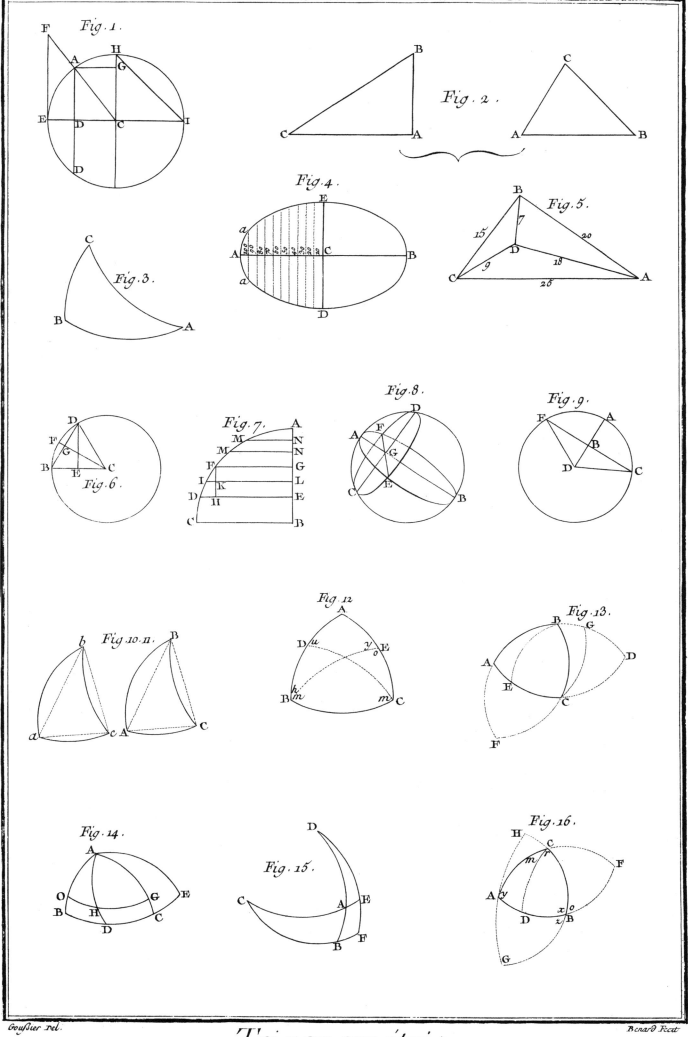

Trigonométrie.

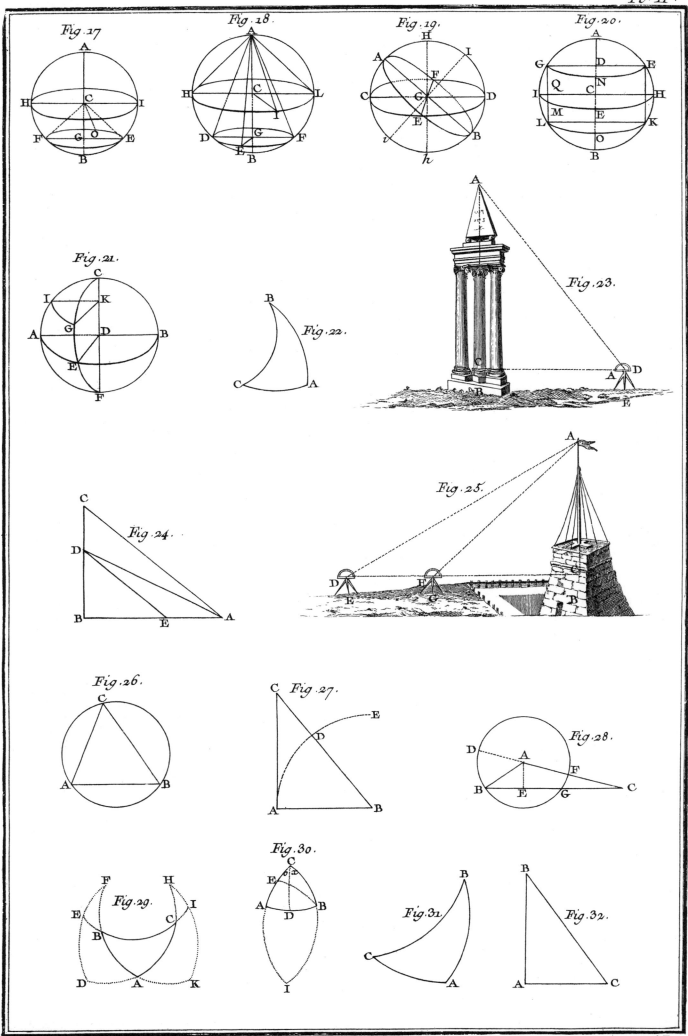

Trigonométrie.

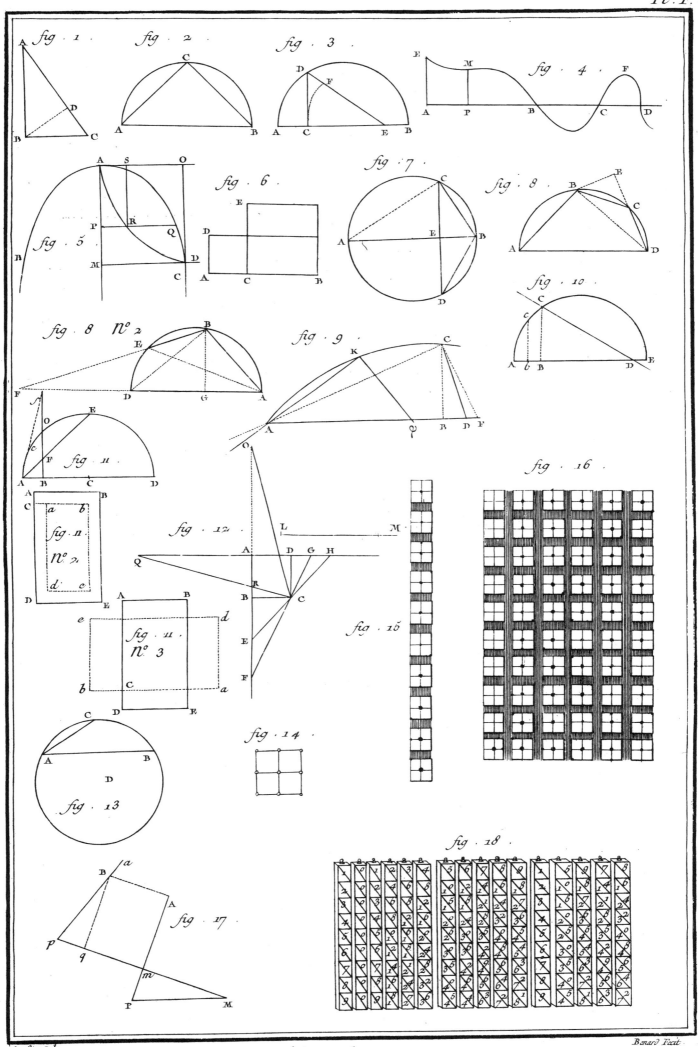

Algebre et Arithmétique.

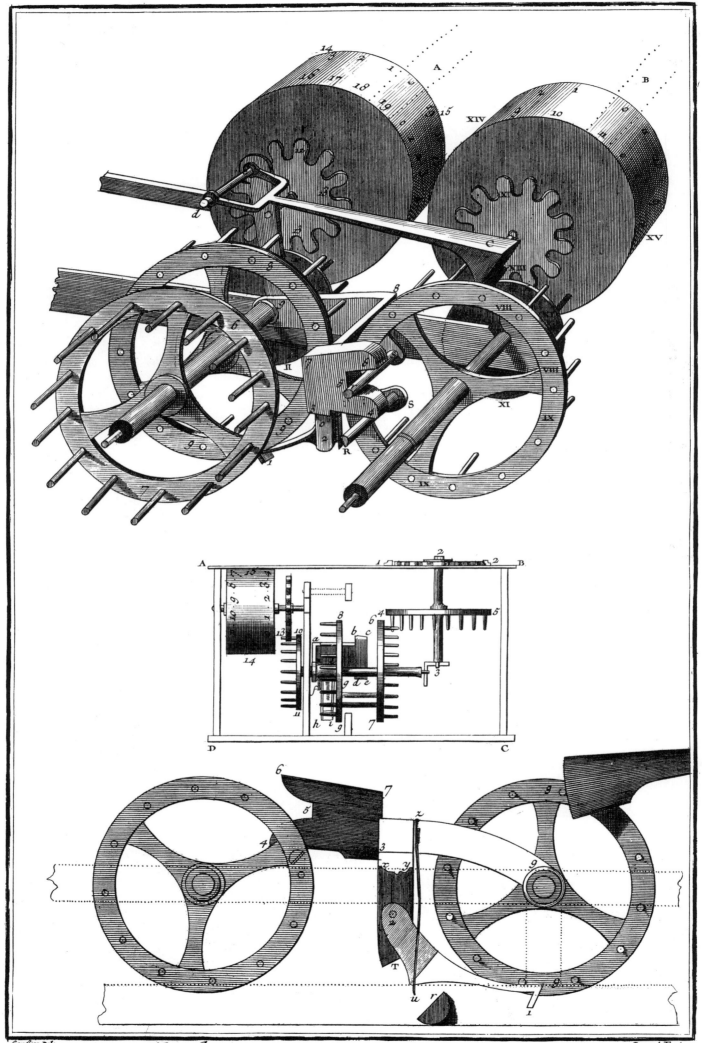

Algebre et Arithmétique, Machine Arithmétique de Pascal.

Supplement.

Constructeur Universel d'Equations.

Fig. 1.

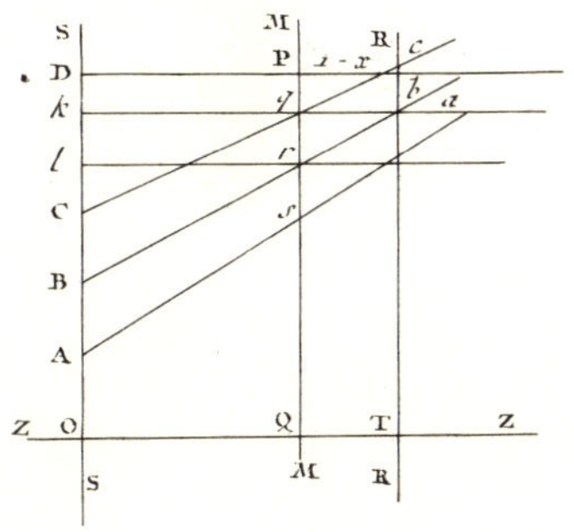

Fig. 2.

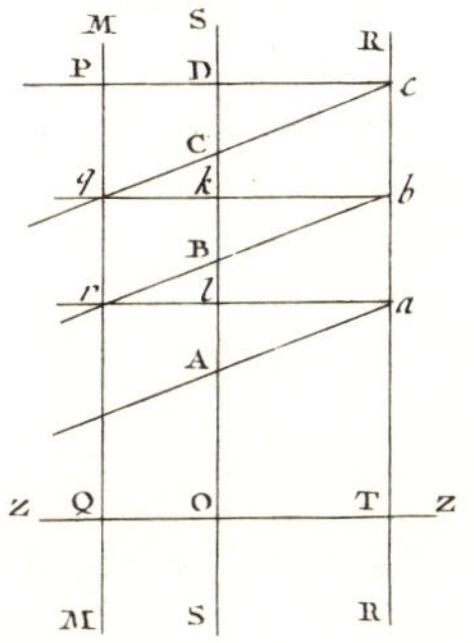

Fig. 3.

Fig. 4.

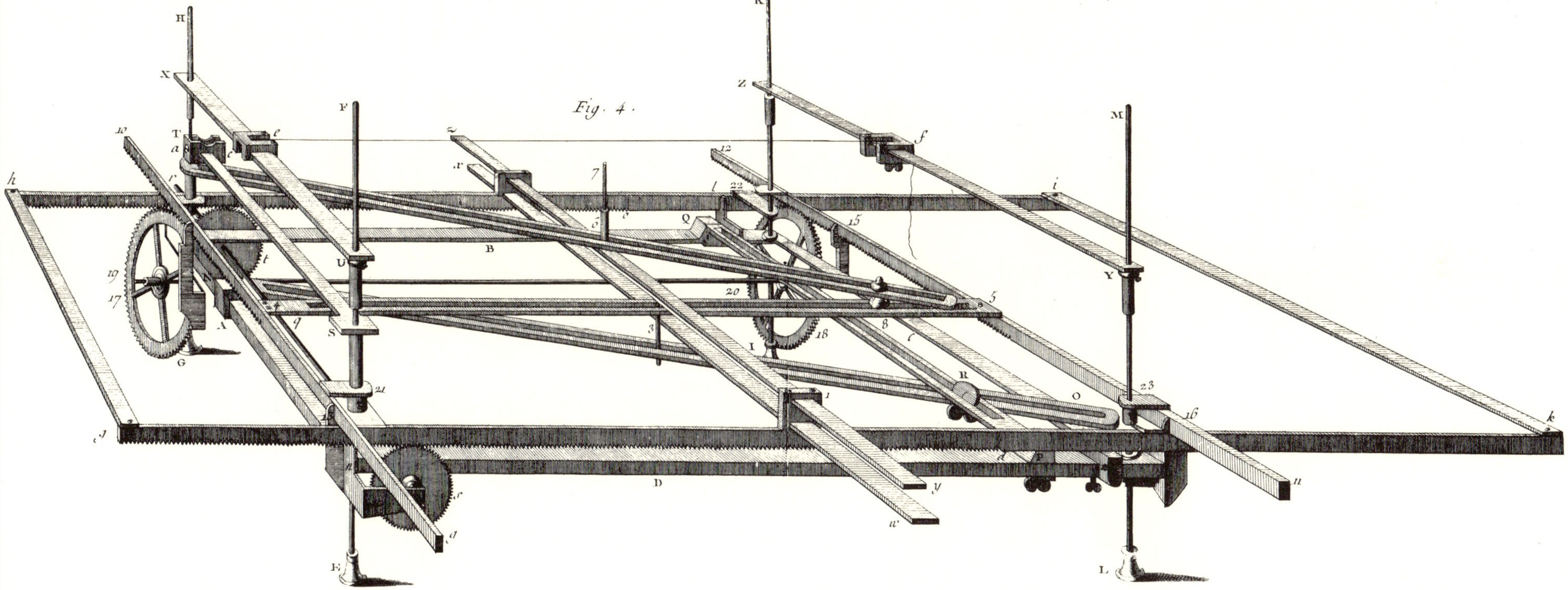

Algebre.

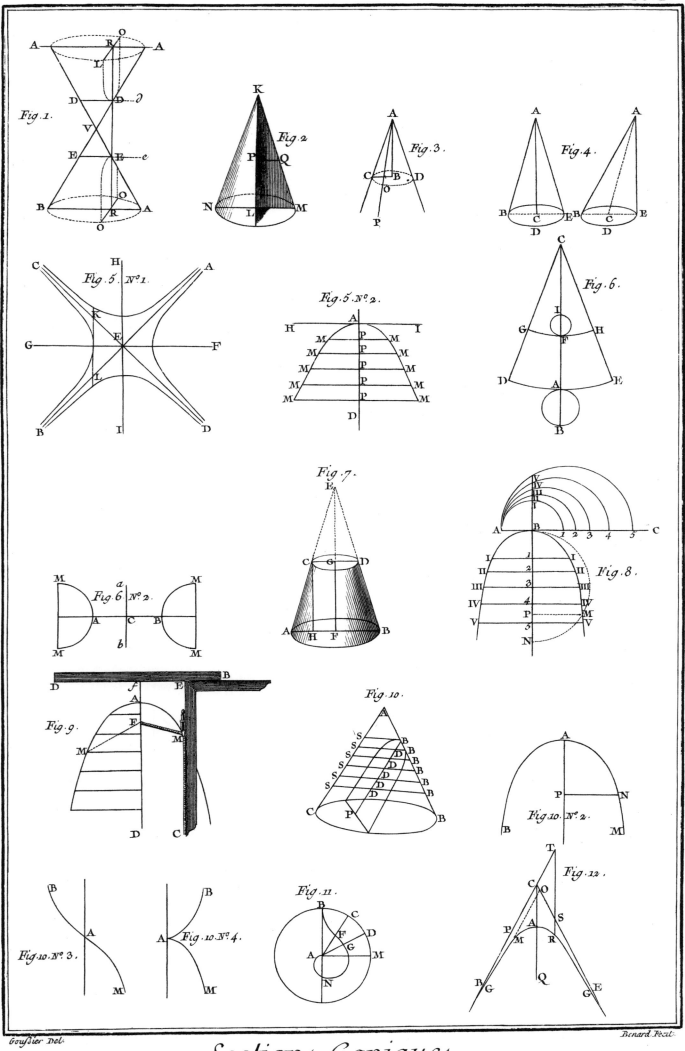

Sections Coniques.

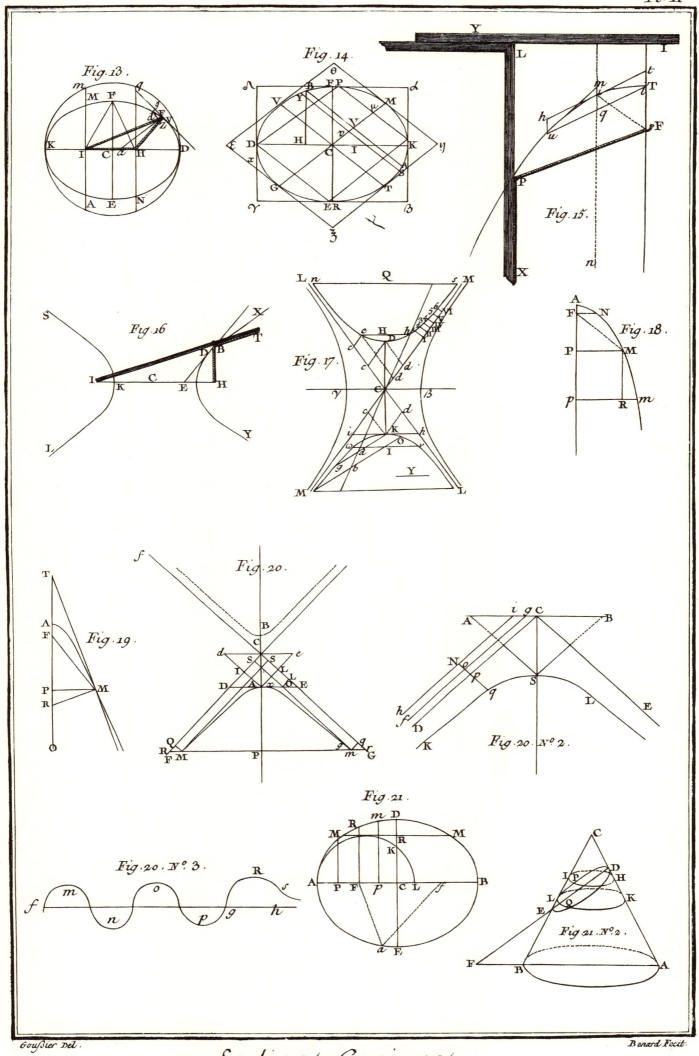

Sections Coniques.

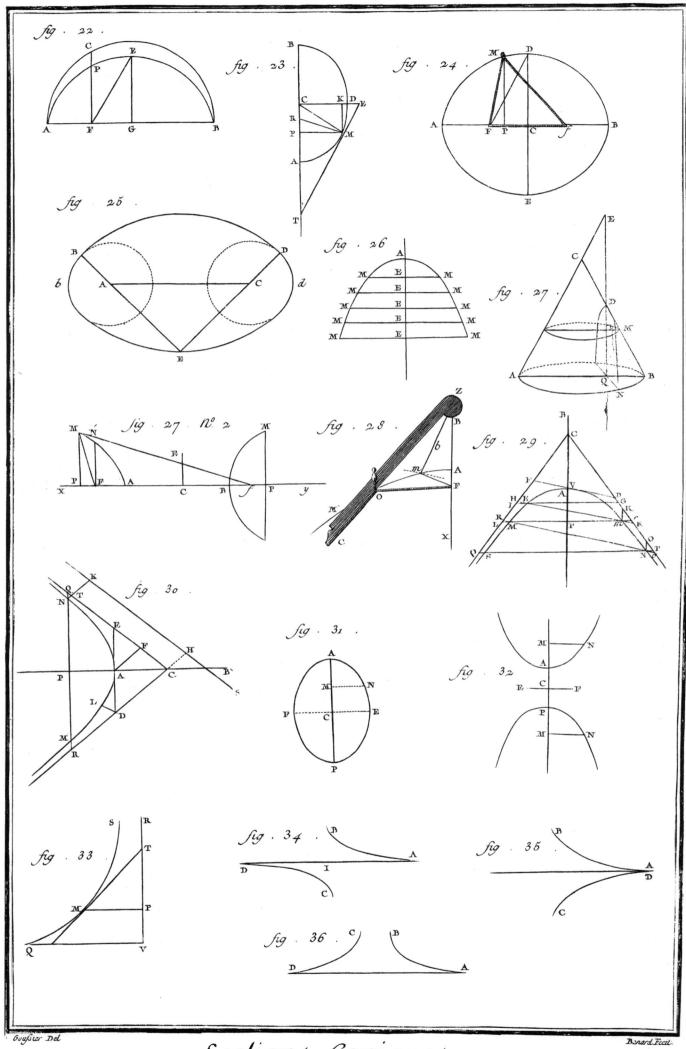

Sections Coniques.

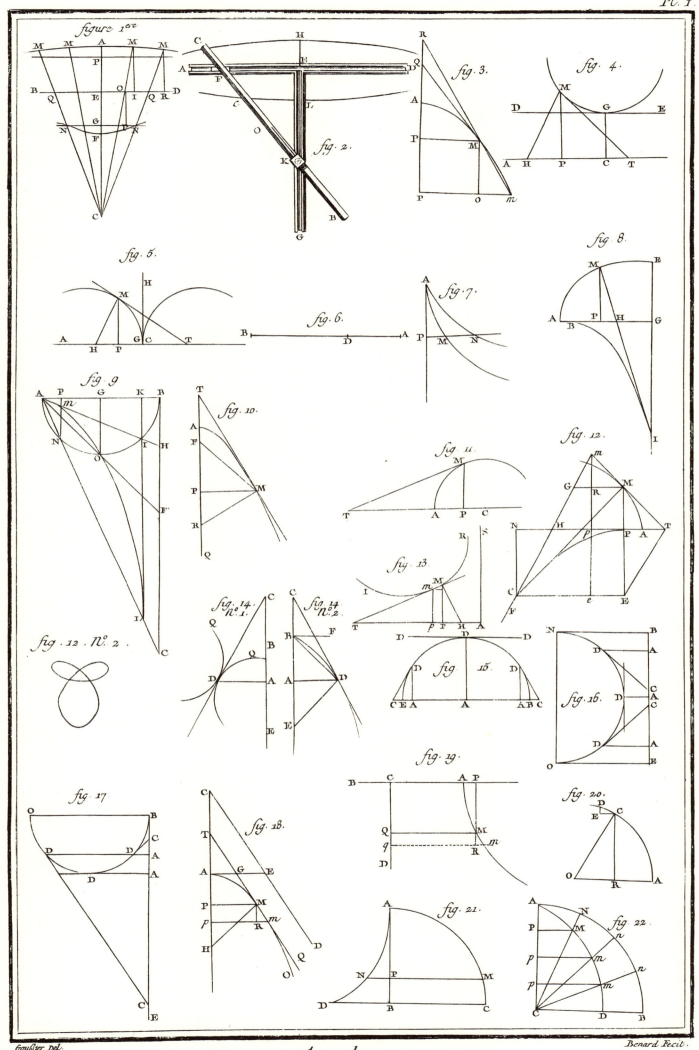

Analyse.

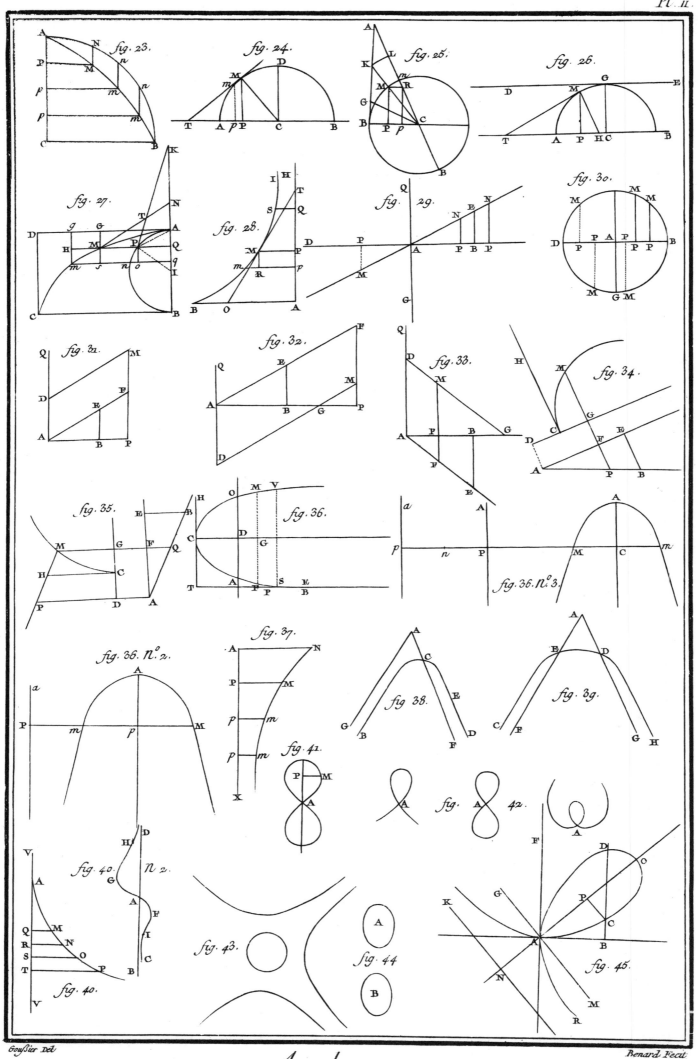

Analyse.

Méchanique.

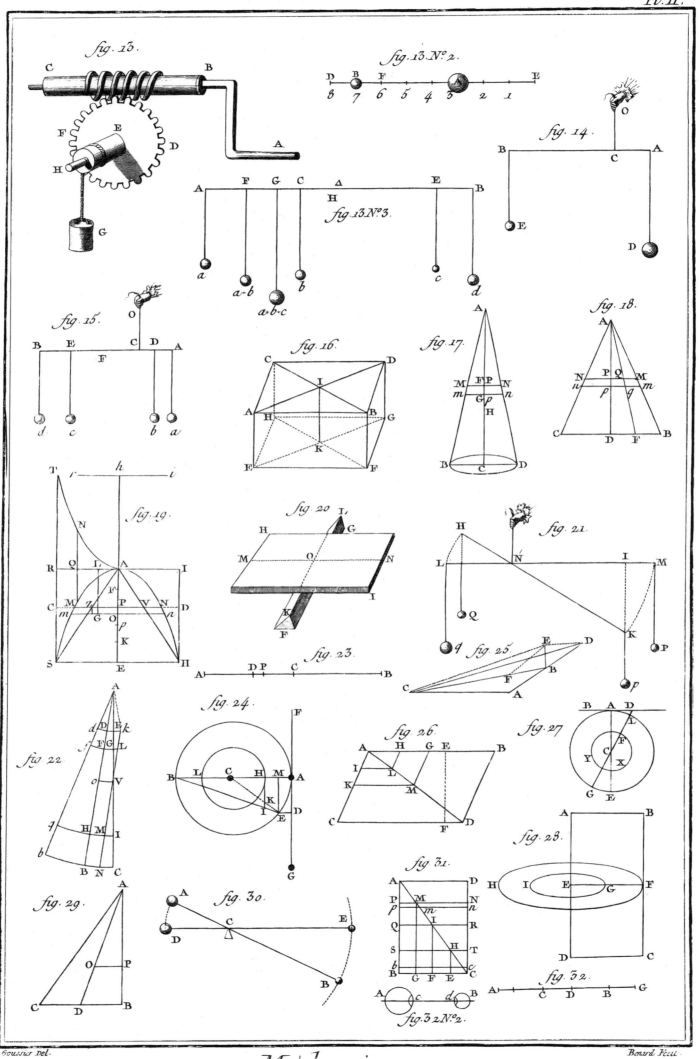

Méchanique.

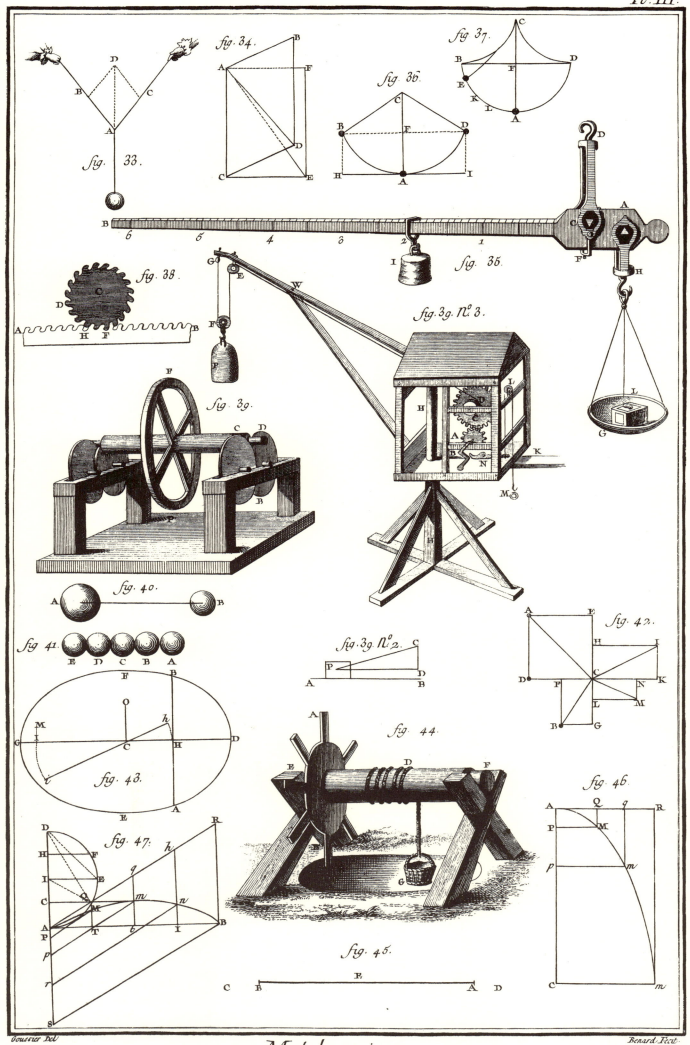

Méchanique.

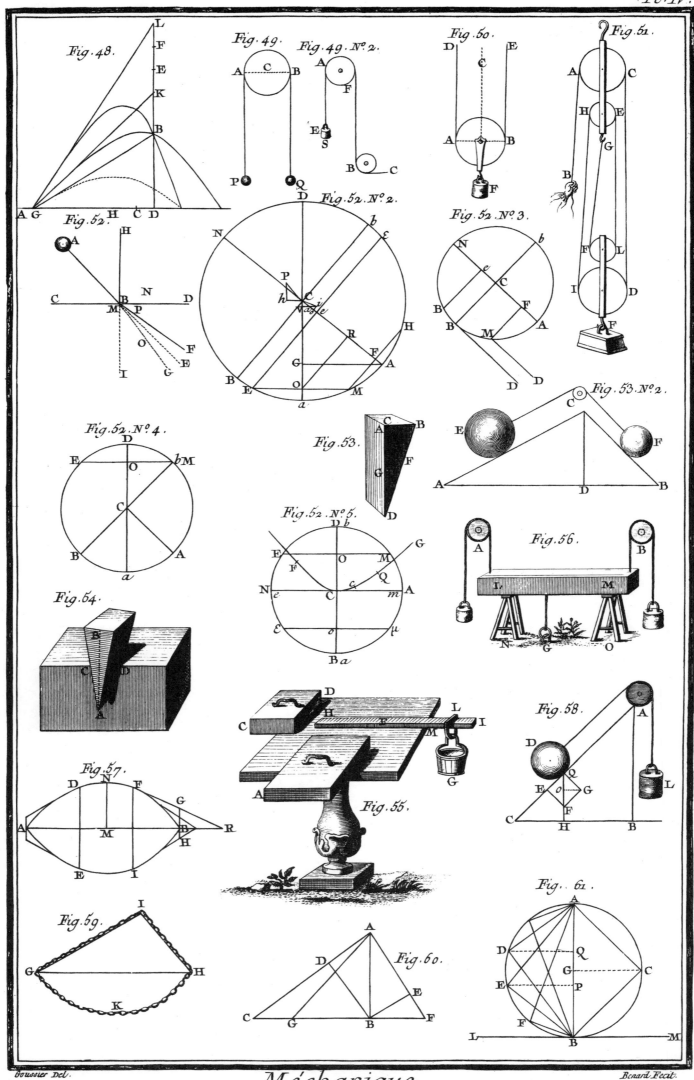

Méchanique.

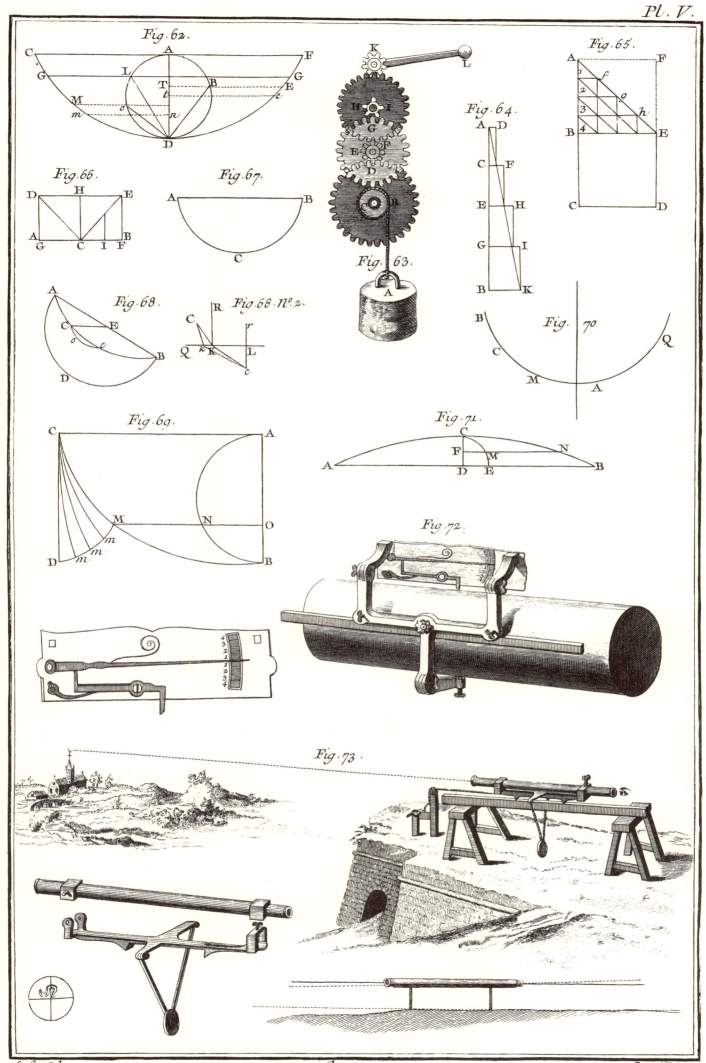

Méchanique.

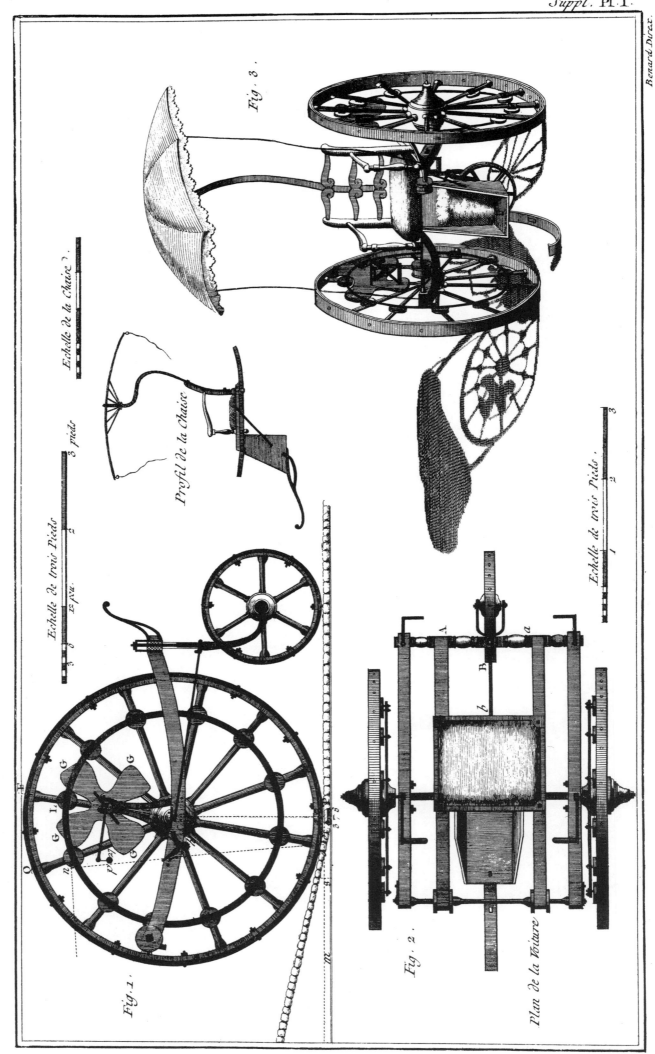

Méchanique.

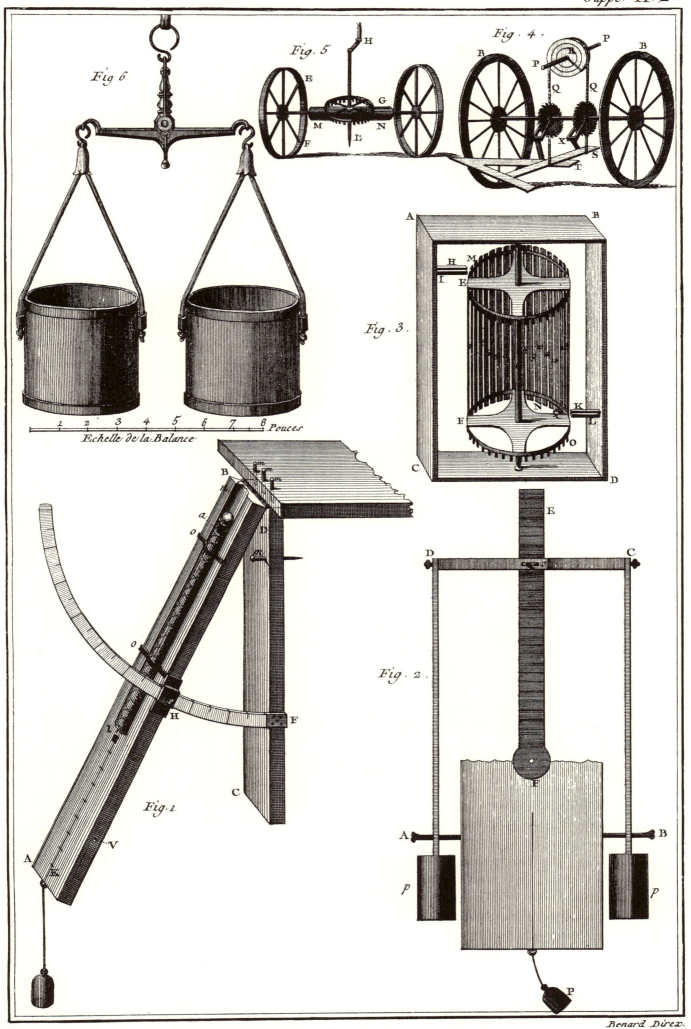

Méchanique.

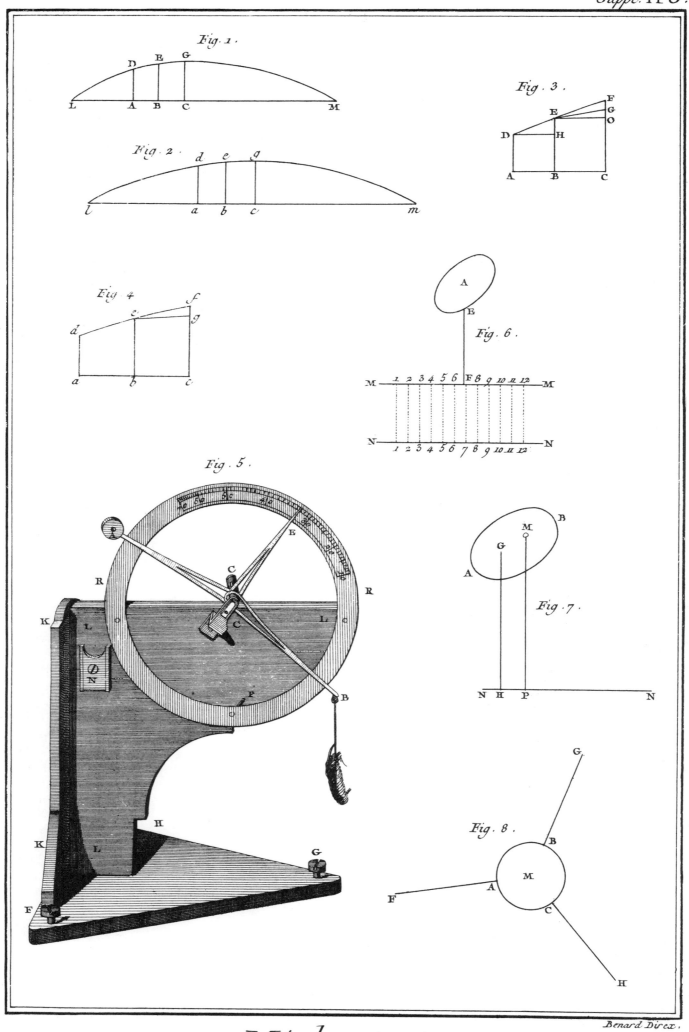

Méchanique

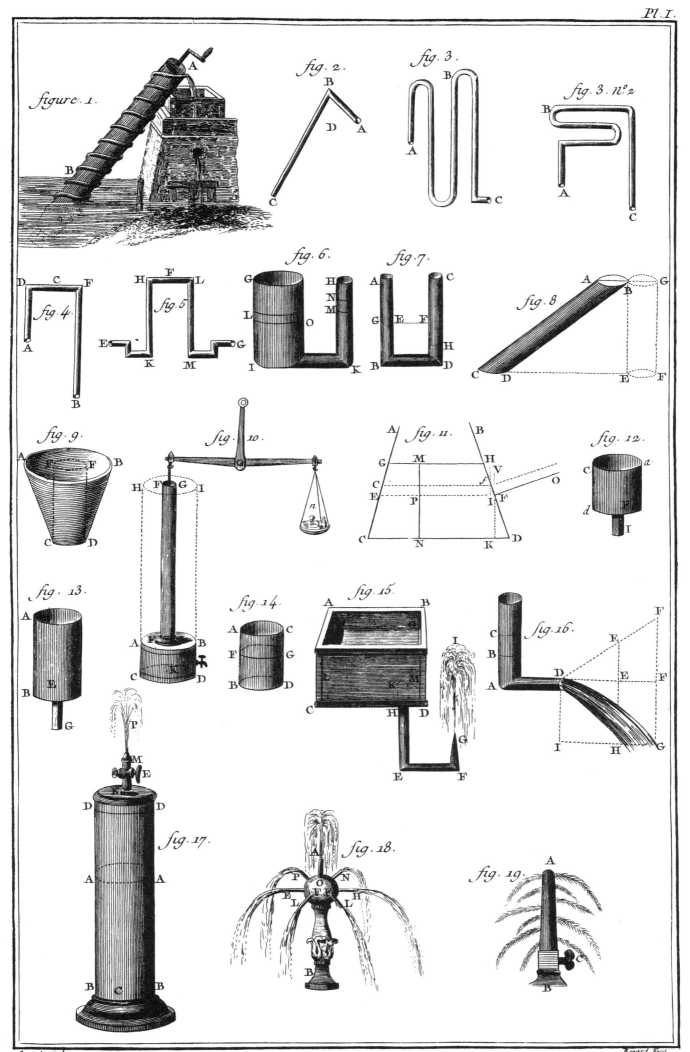

Hydrostatique, Hydrodynamique et Hydraulique.

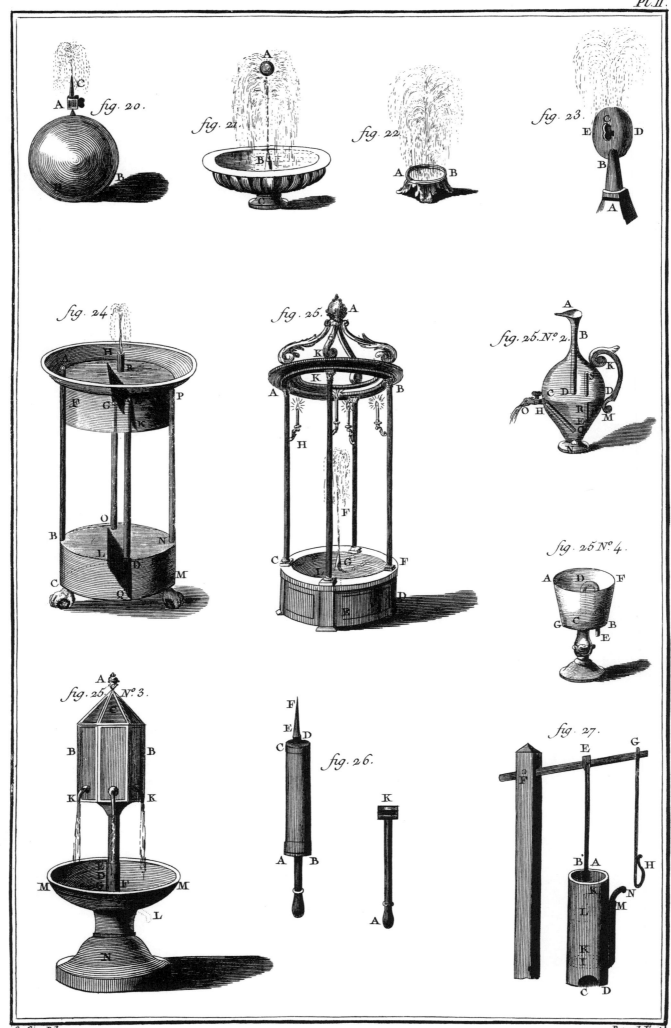

Hydrostatique, Hydrodynamique et Hydraulique

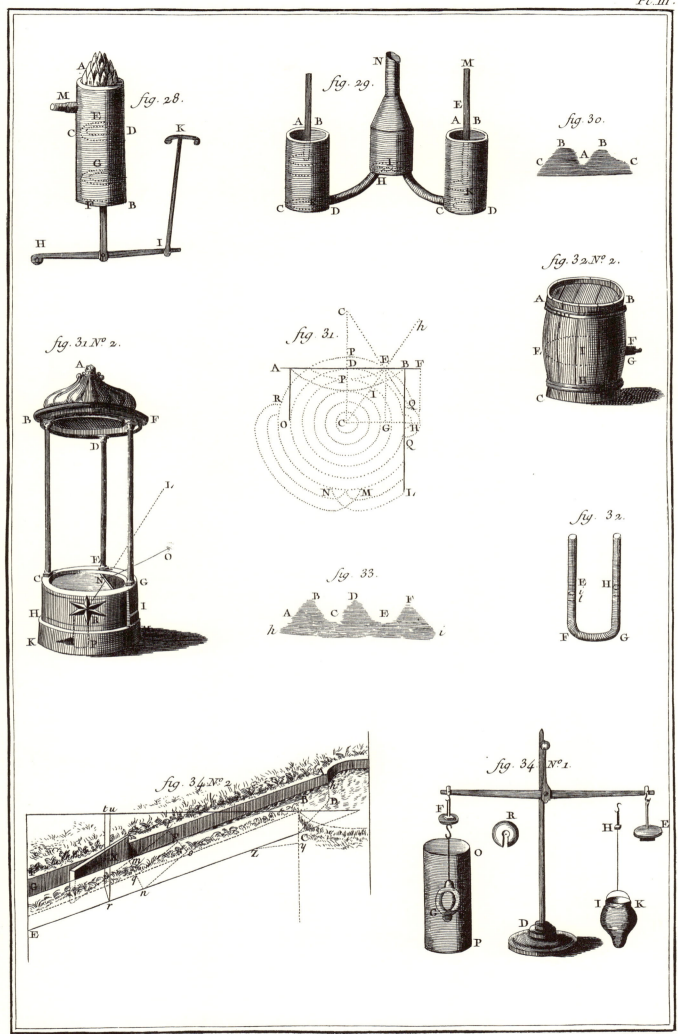

Hydrostatique, Hydrodynamique et Hydraulique.

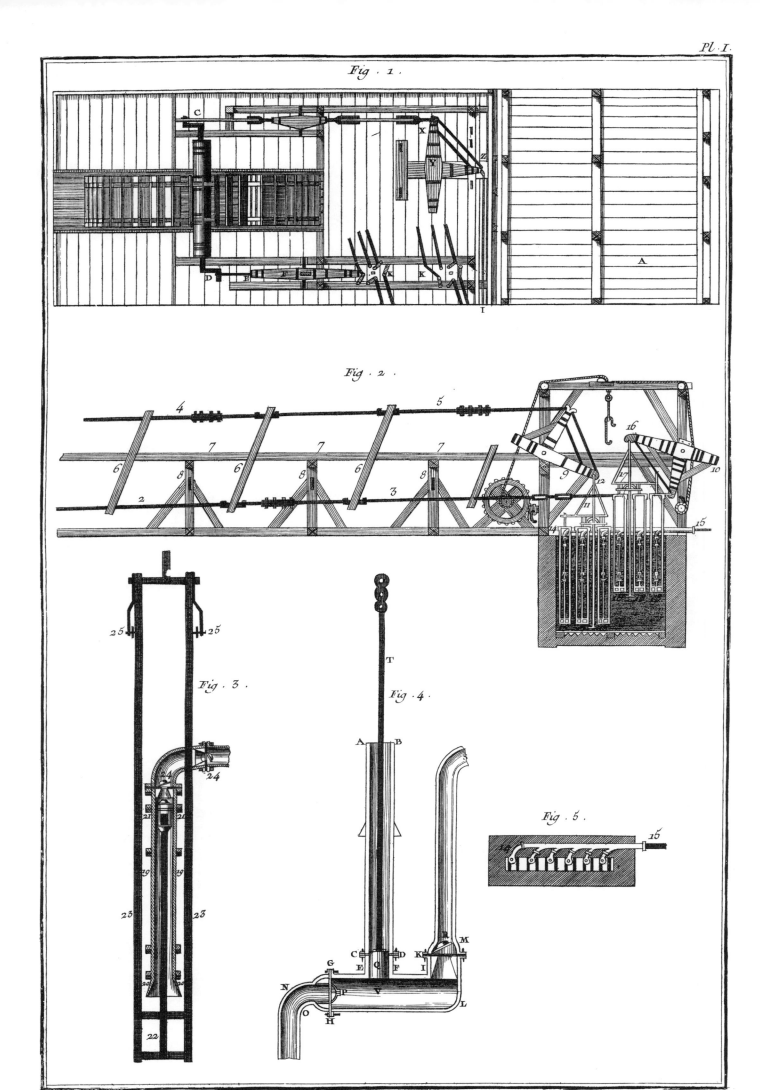

Hydraulique, Machine de Marli.

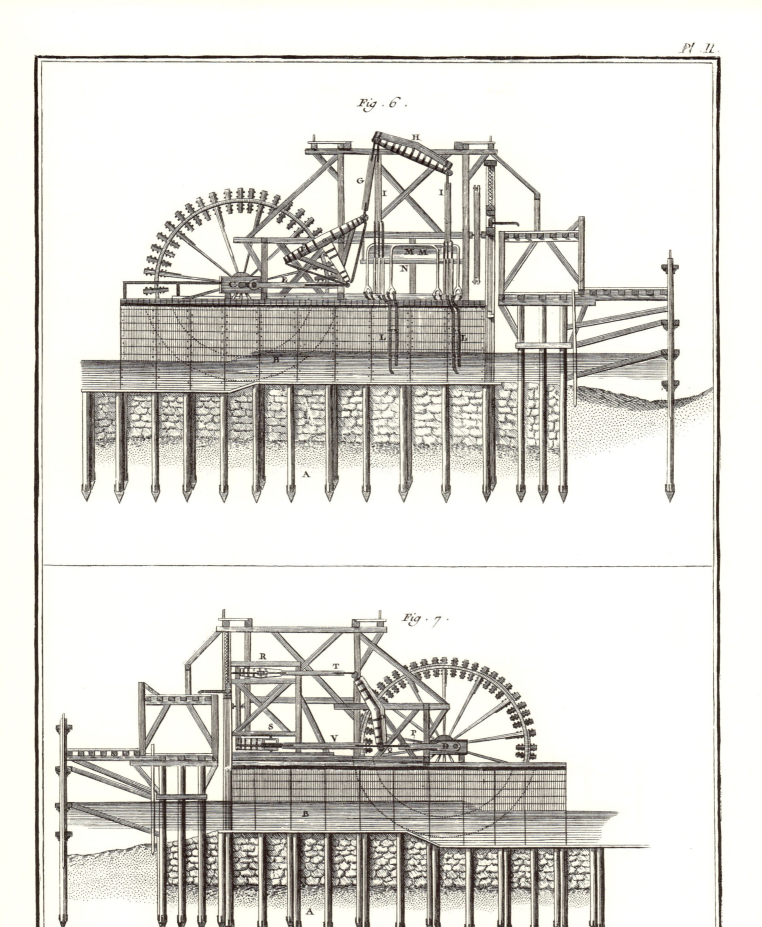

Hydraulique, Machine de Marli.

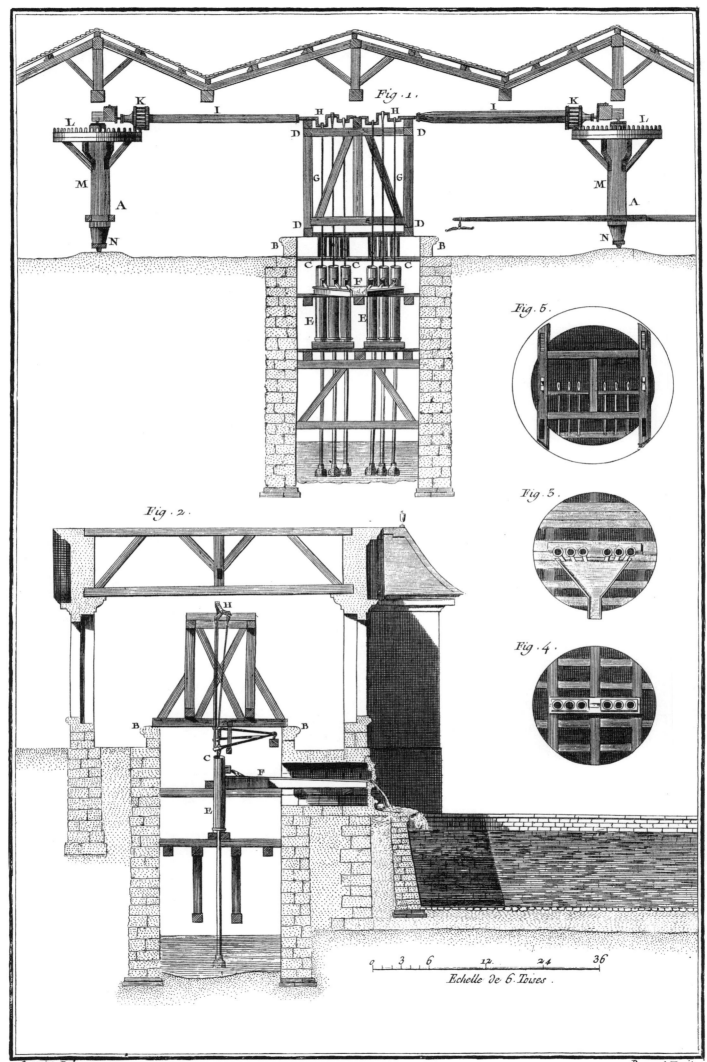

Hydraulique. Pompe du Réservoir de l'égout.

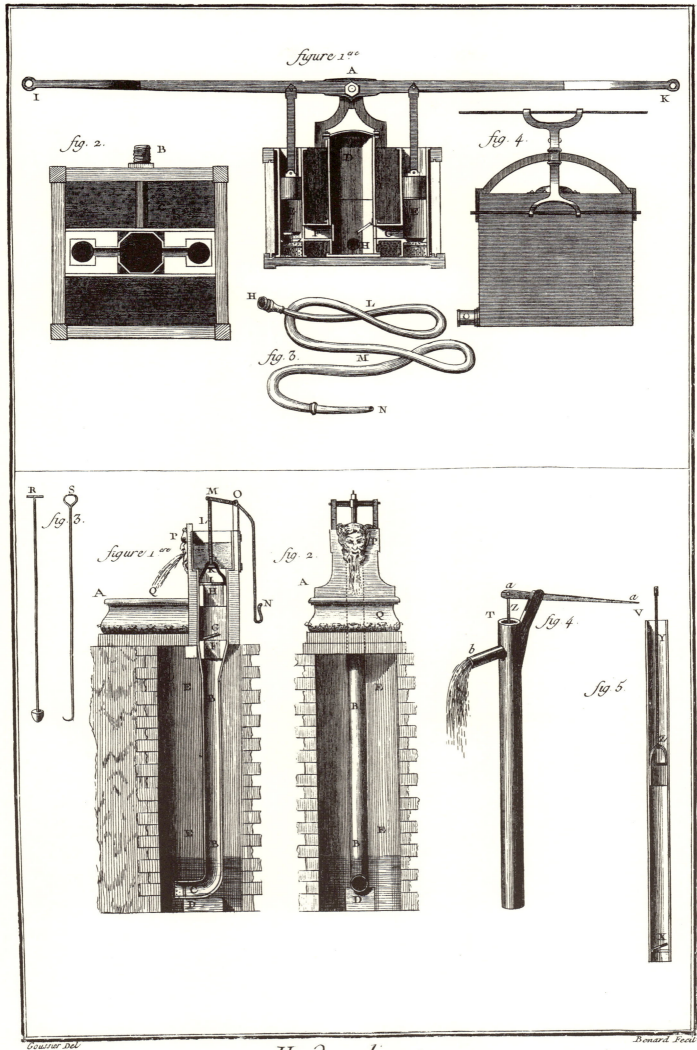

Hydraulique, Pompe pour les Incendies et Pompes à Bras.

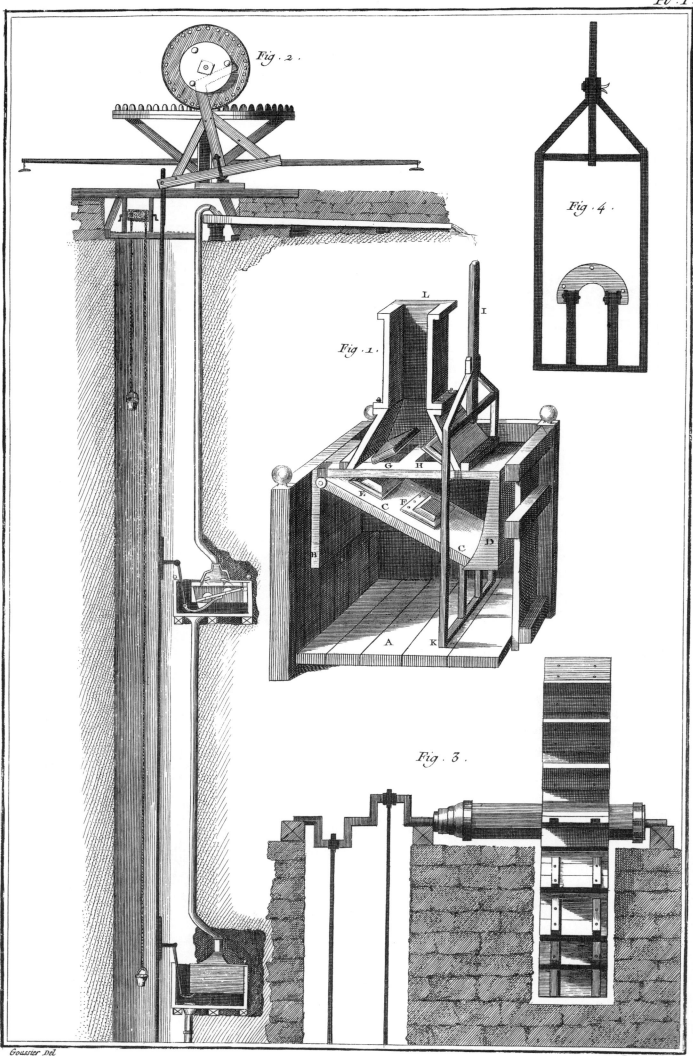

Hydraulique, Machine de Mr Dupuis.

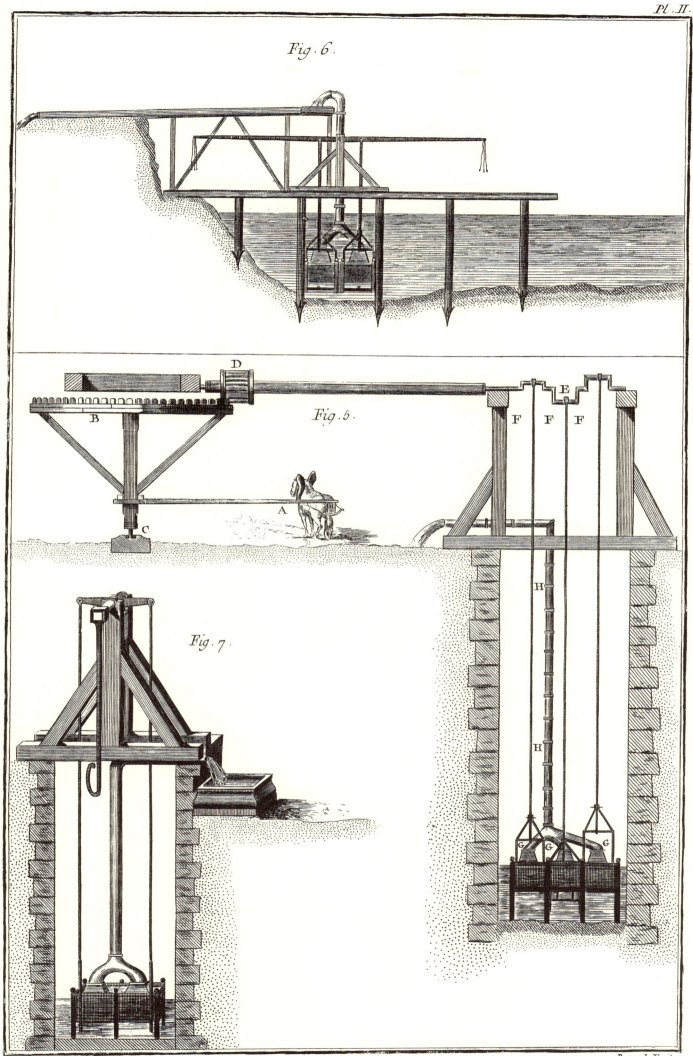

Hydraulique, Machine de Mr Dupuis.

Hydraulique, Moulin à vent de Meudon.

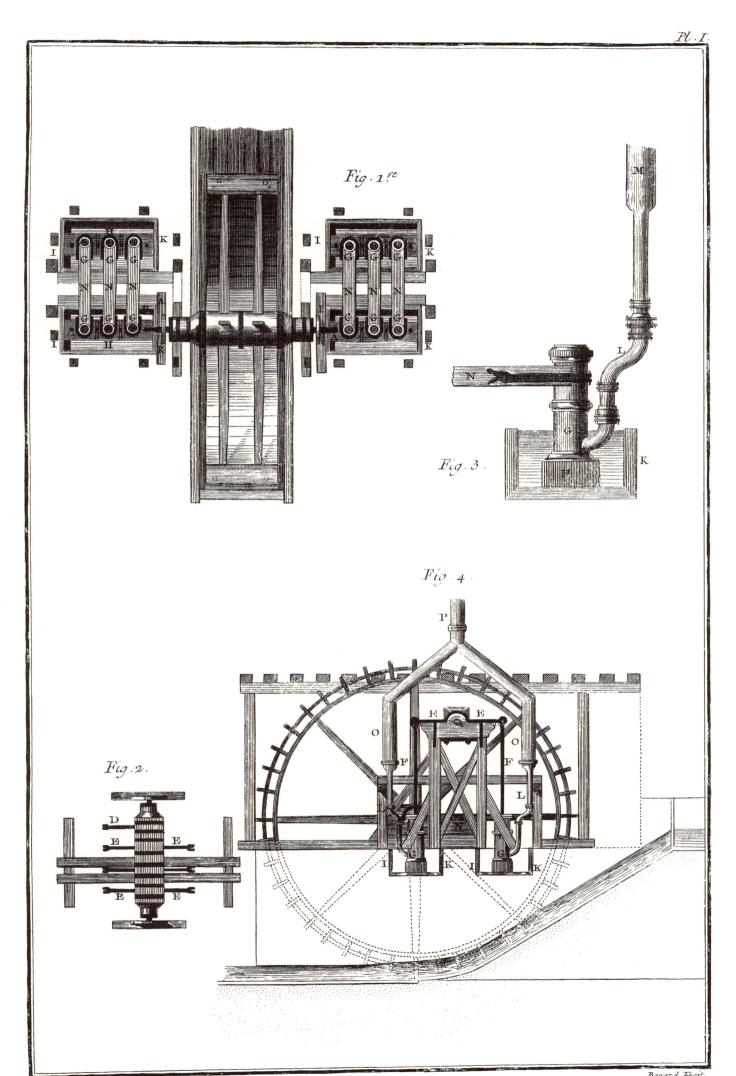

Hydraulique, Machine de Nymphembourg.

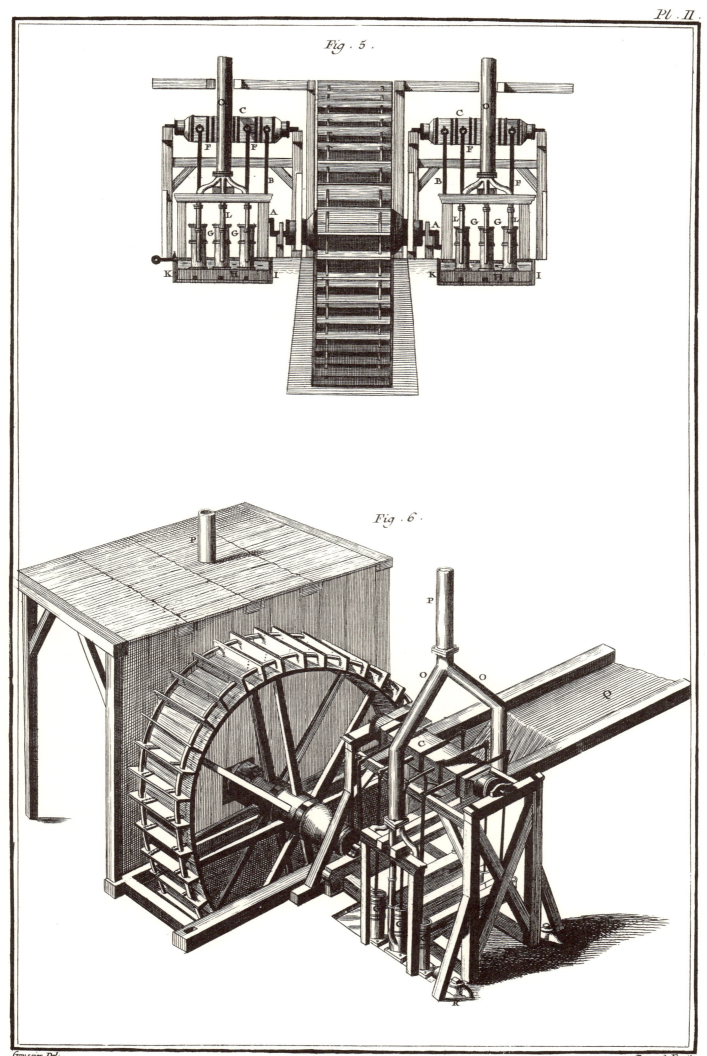

Hydraulique, Machine de Nymphembourg.

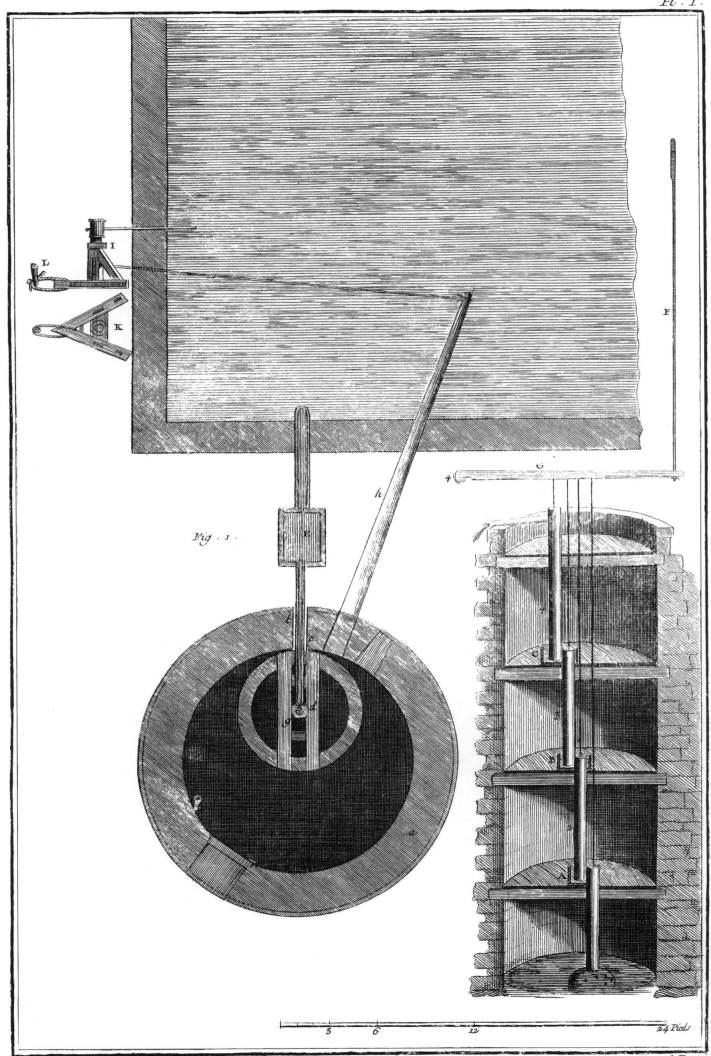

Hydraulique, Moulin à Eau

Hydraulique, Moulin à Eau.

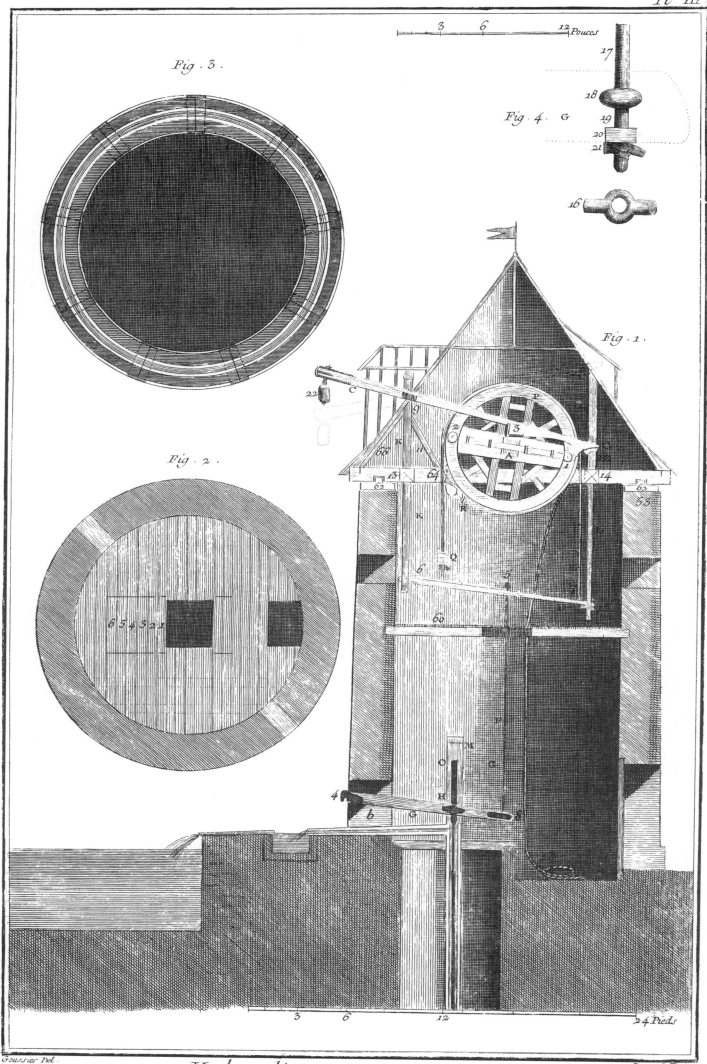

Hydraulique, Moulin à eau.

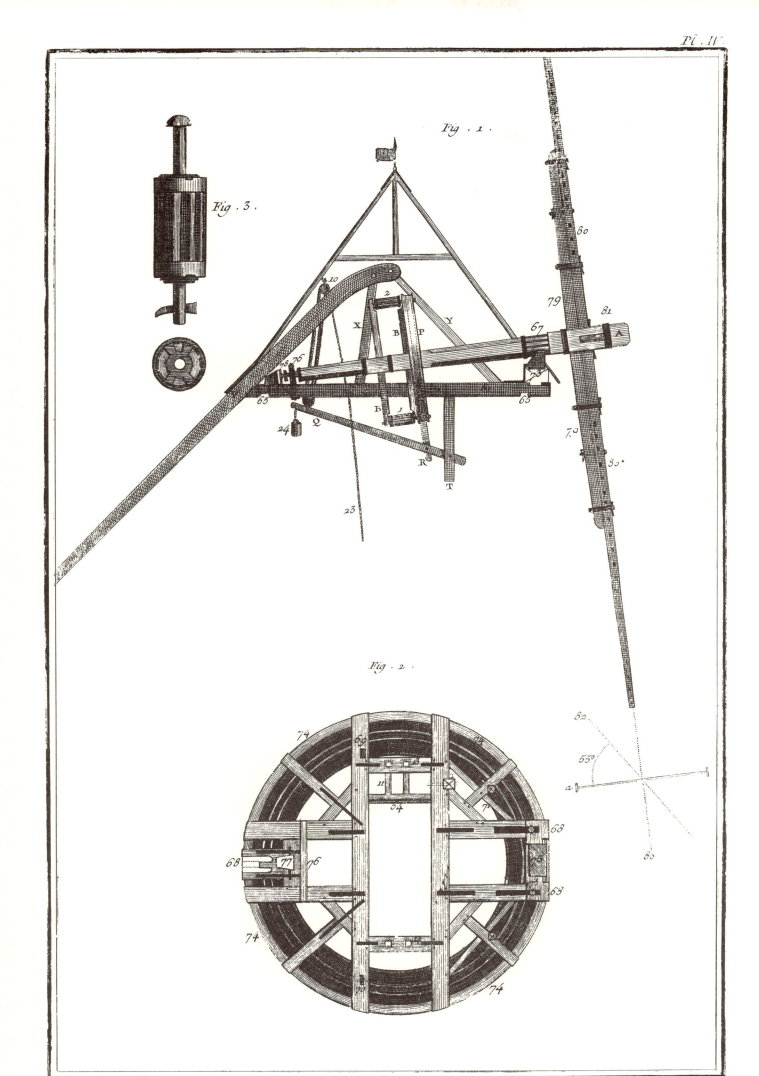

Hydraulique, Moulin à l'eau.

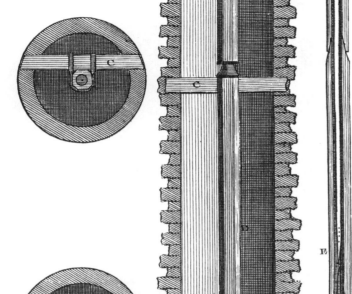
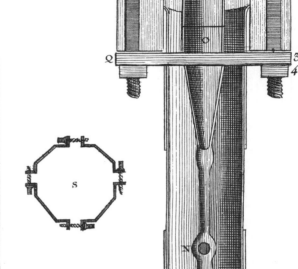
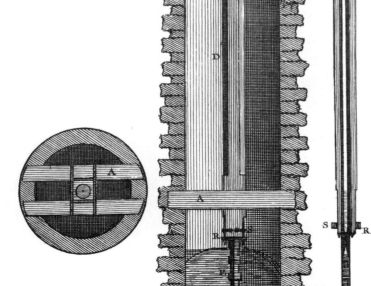
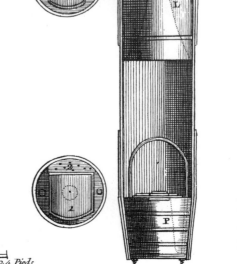

Hydraulique, Moulin à Eau.

Hydraulique, Noria.

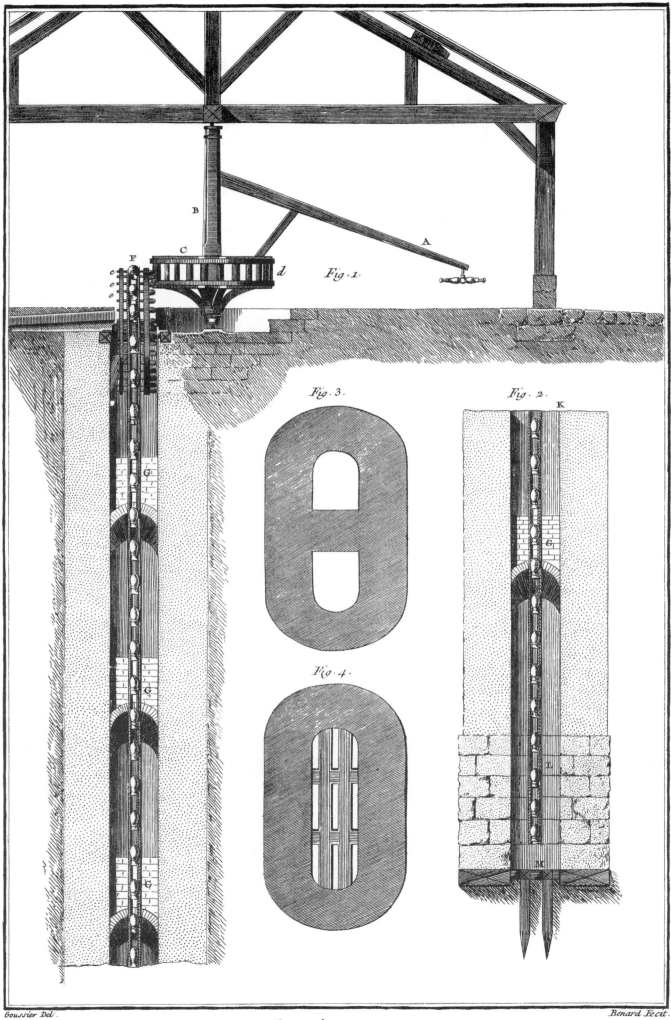

Hydraulique, Noria.

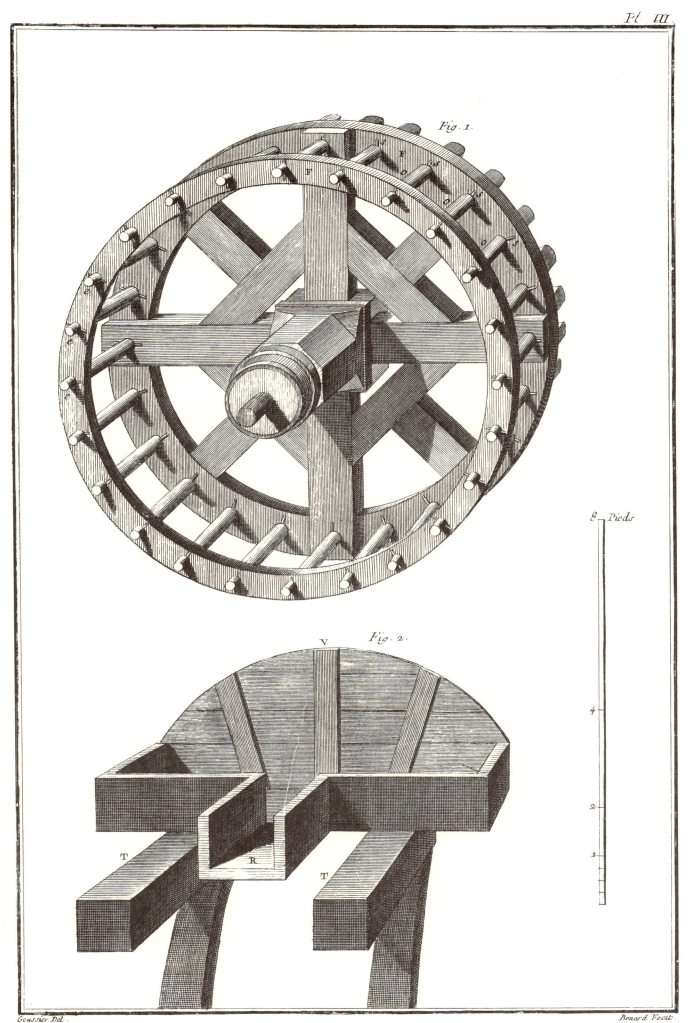

Hydraulique, Noria.

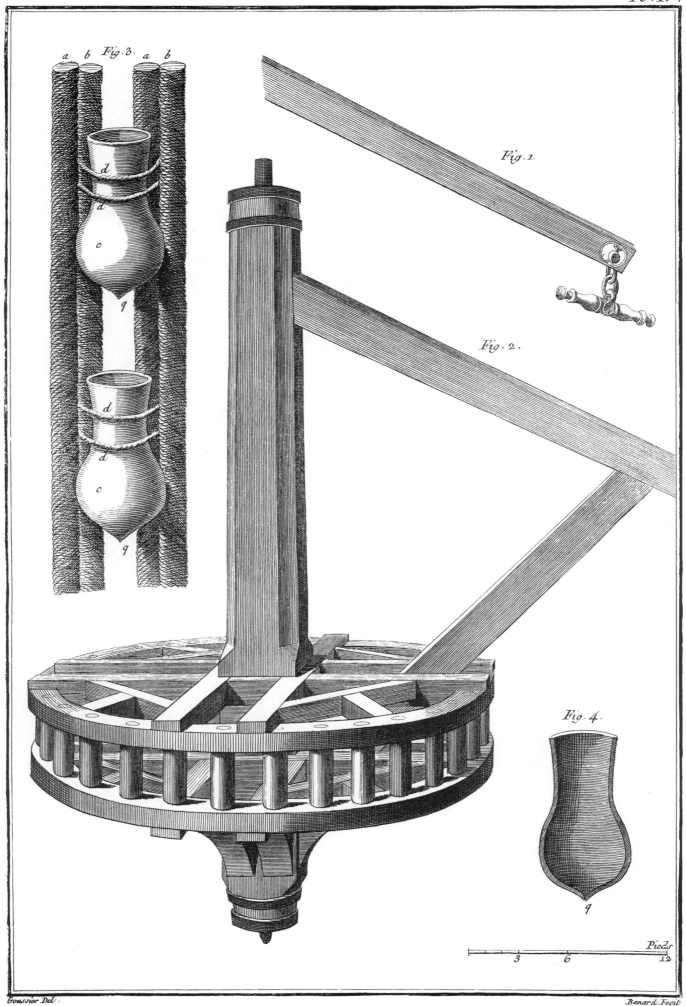

Hydraulique, Noria.

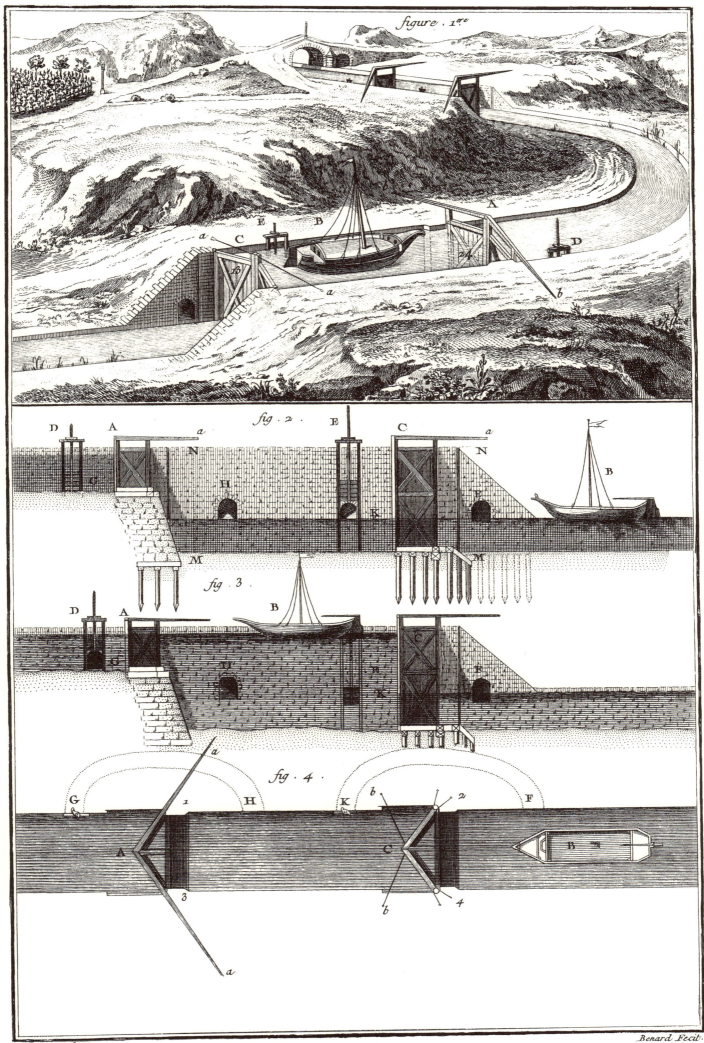

Hydraulique. Canal et Ecluses.

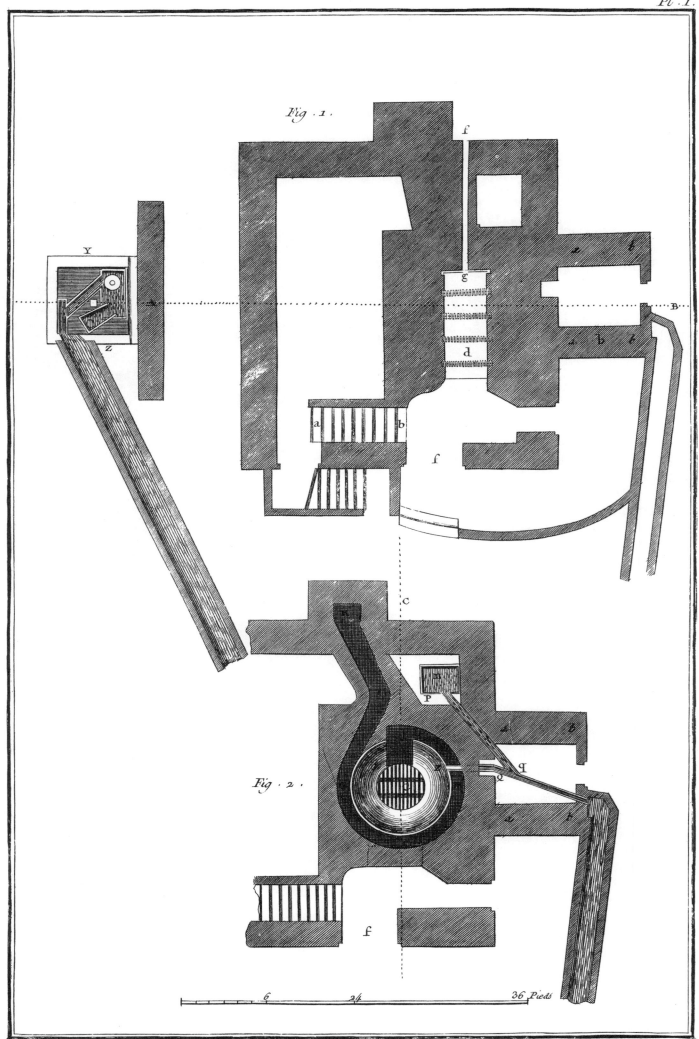

Hidraulique, Pompe à Feu, Plans.

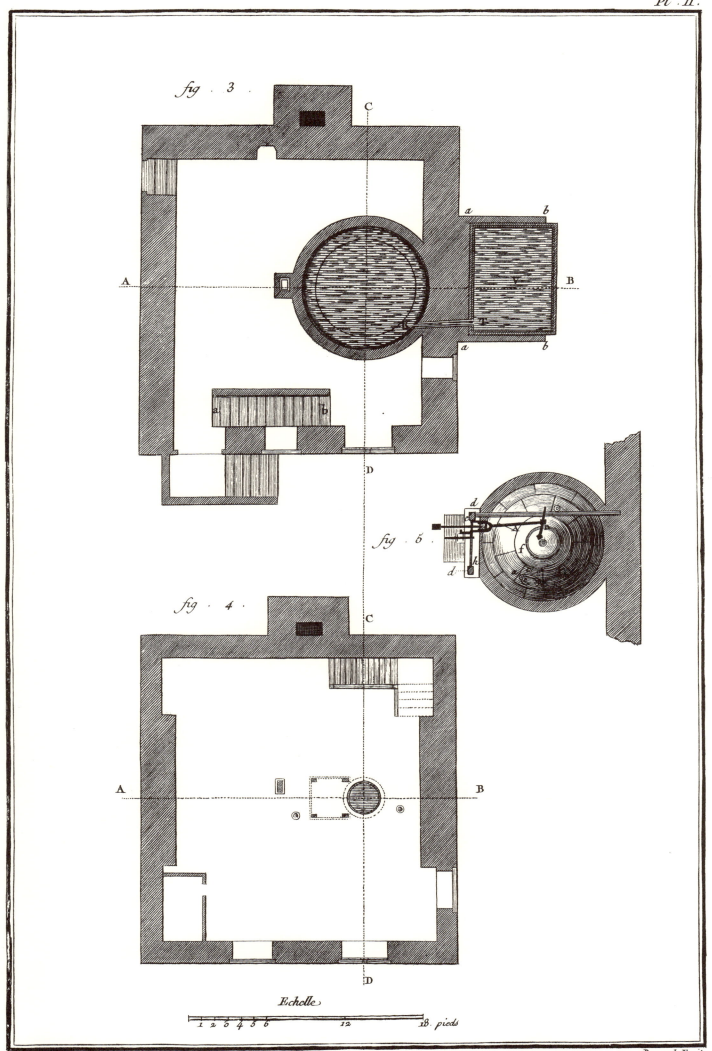

Hidraulique, Pompe à Feu, Plans.

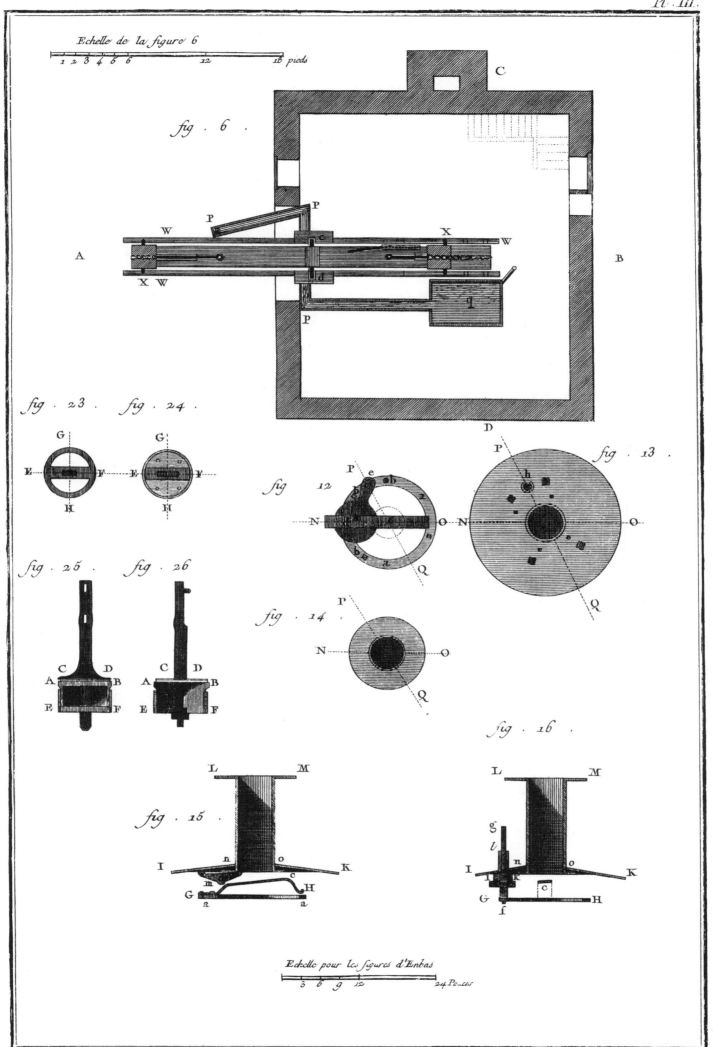

Hidraulique, Pompe à Feu, Dévelopemenst

Hidraulique, Pompe à Feu, Coupe.

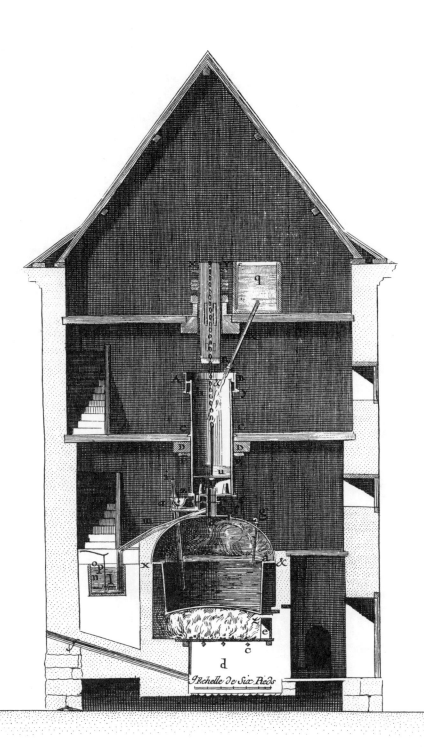

Hidraulique, Pompe à Feu, Coupe.

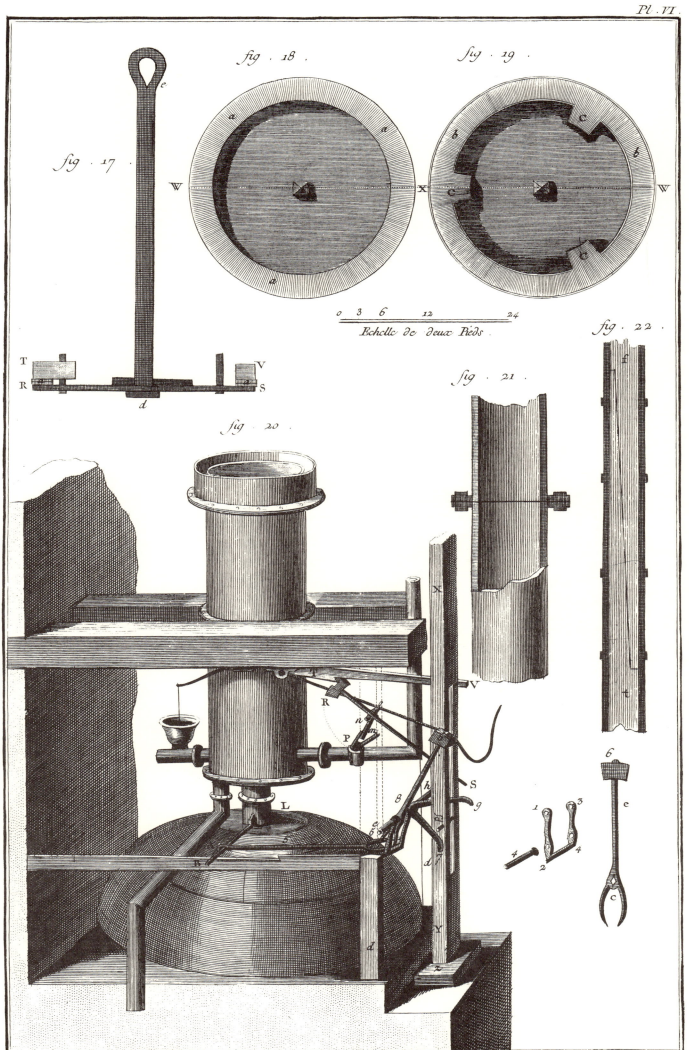

Hidraulique, Pompe à Feu, Coupes et profils du Cilindre.

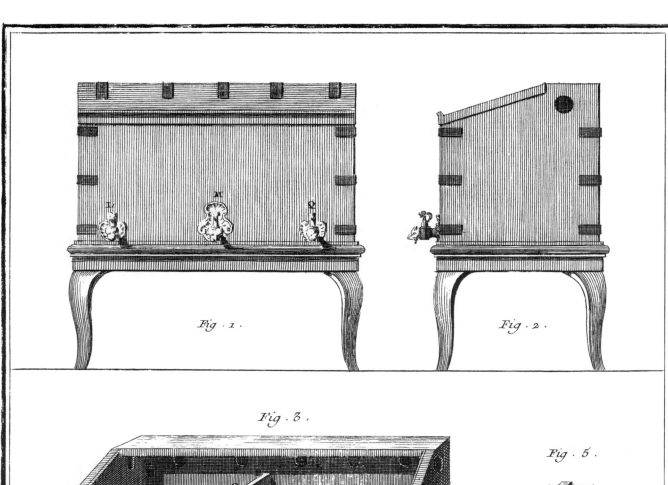
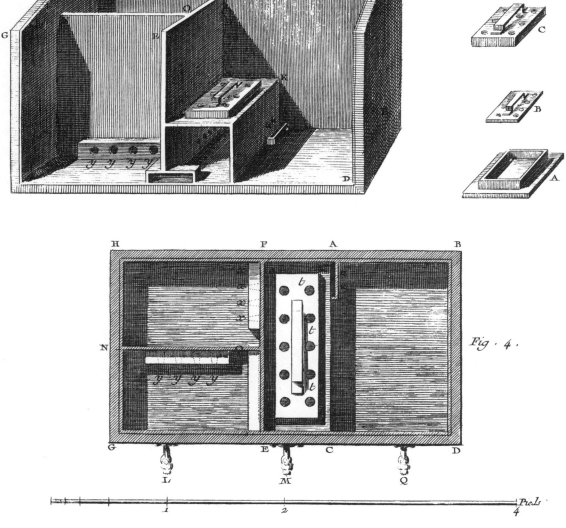

Hydraulique, Fontaine Filtrante.

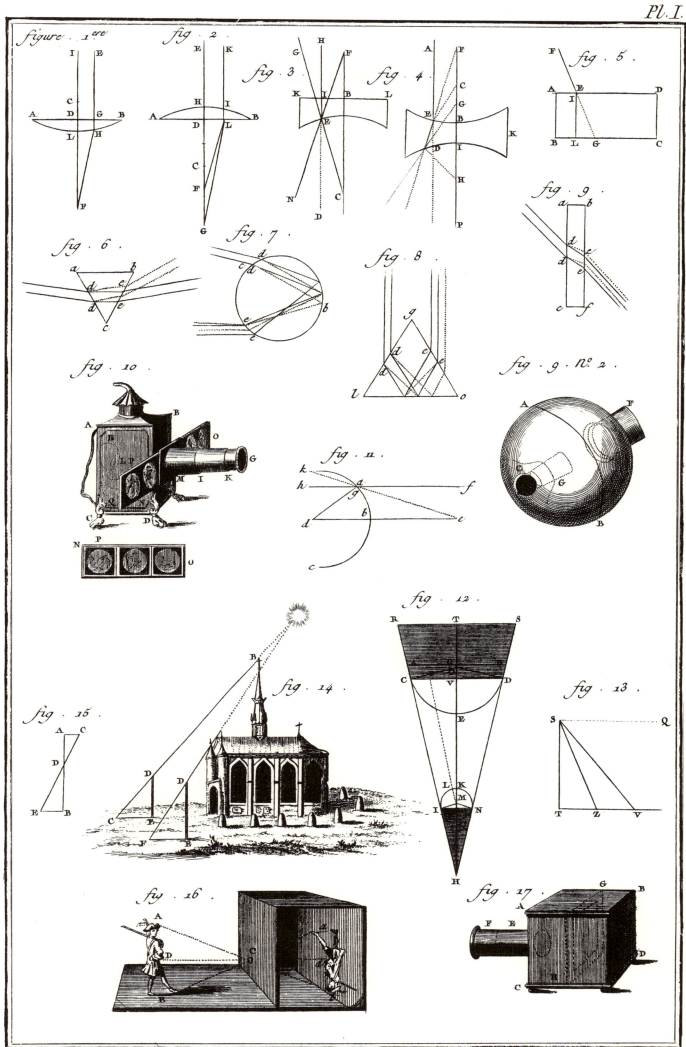

Optique.

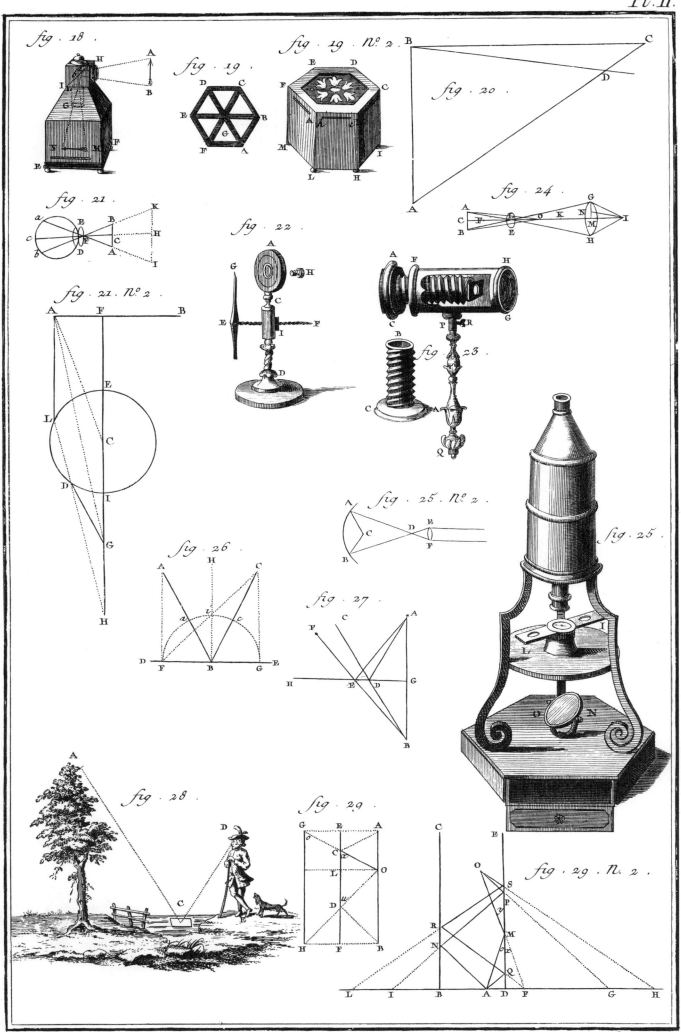

Optique.

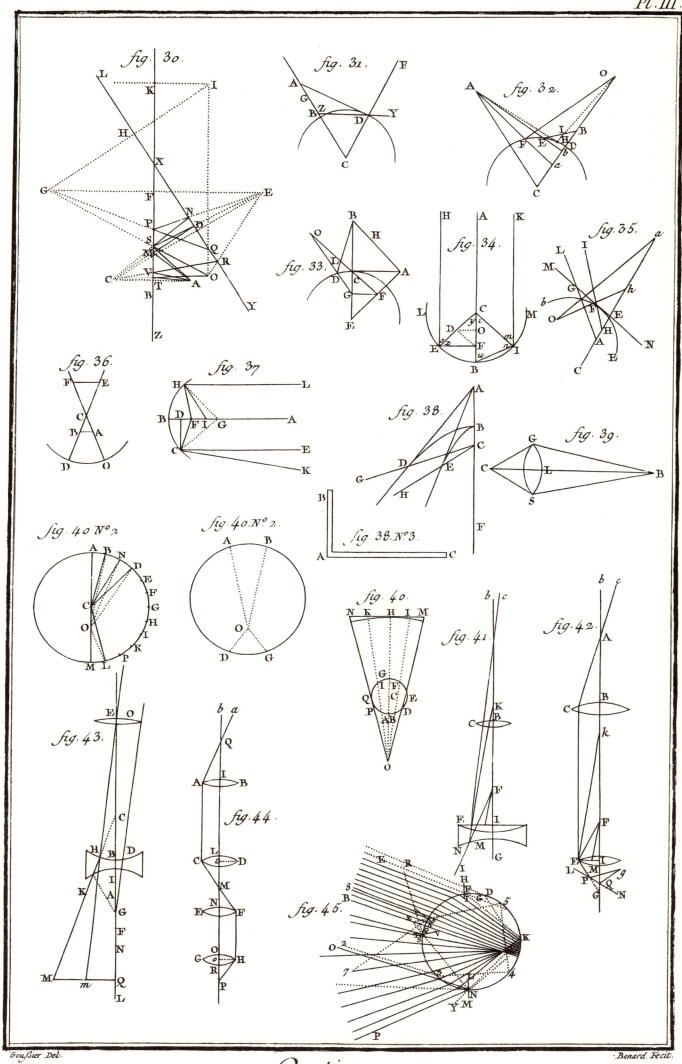

Optique.

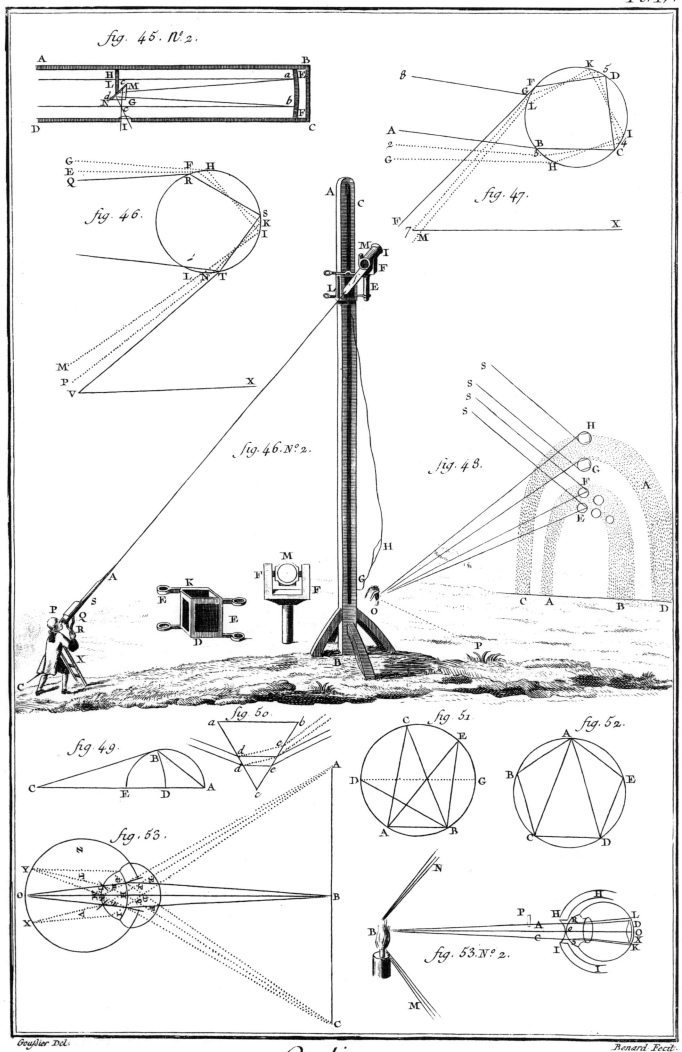

Optique.

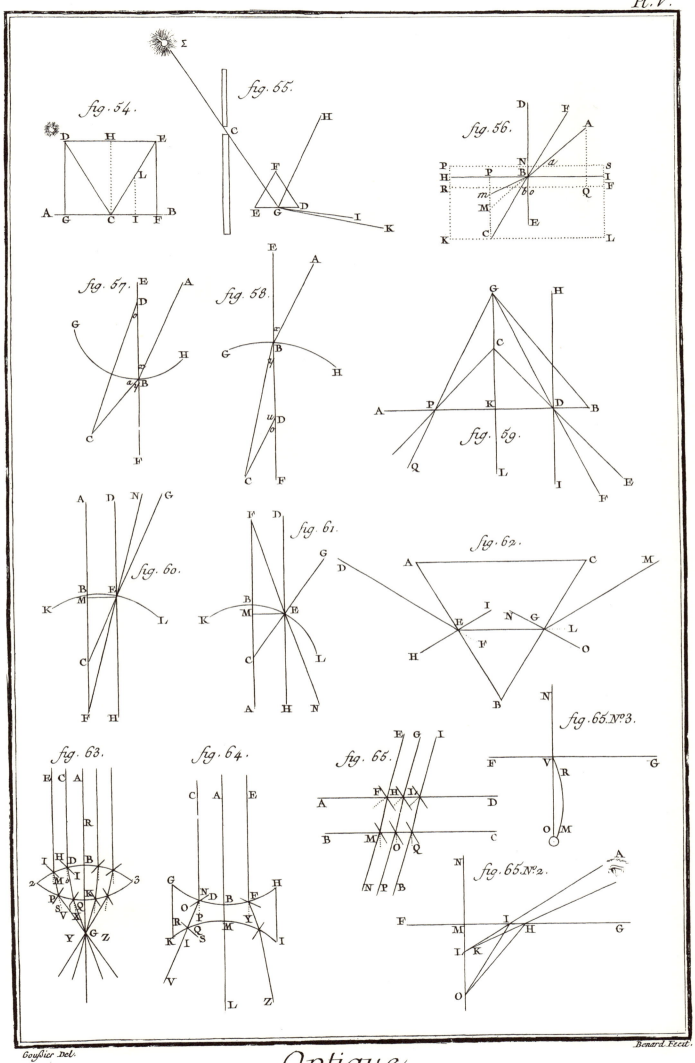

Optique.

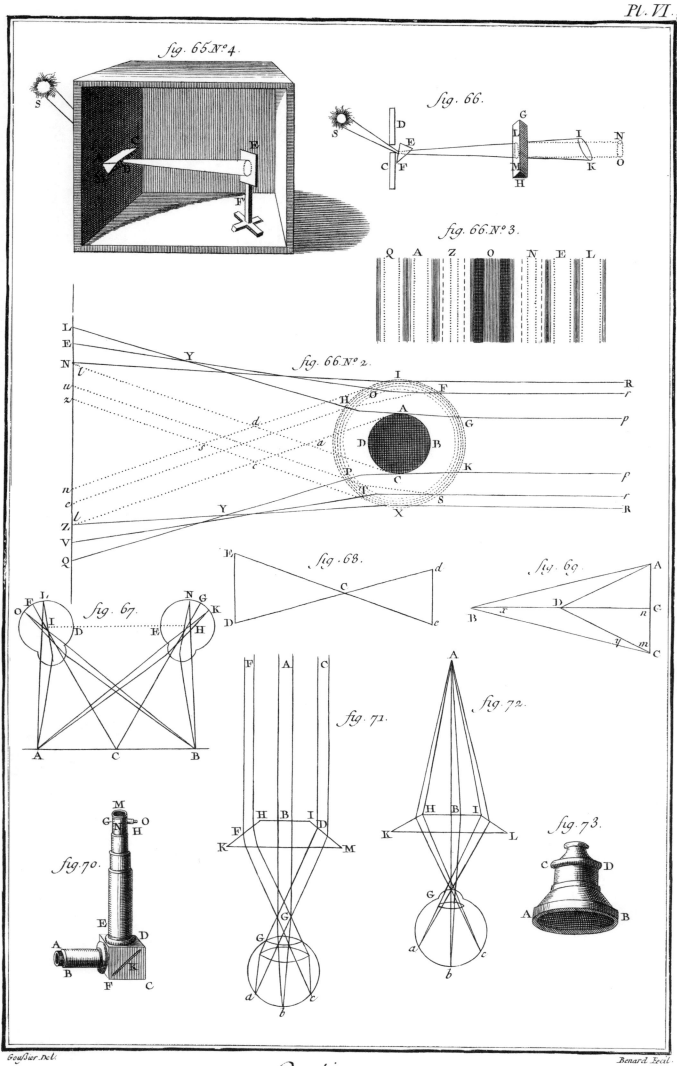

Optique.

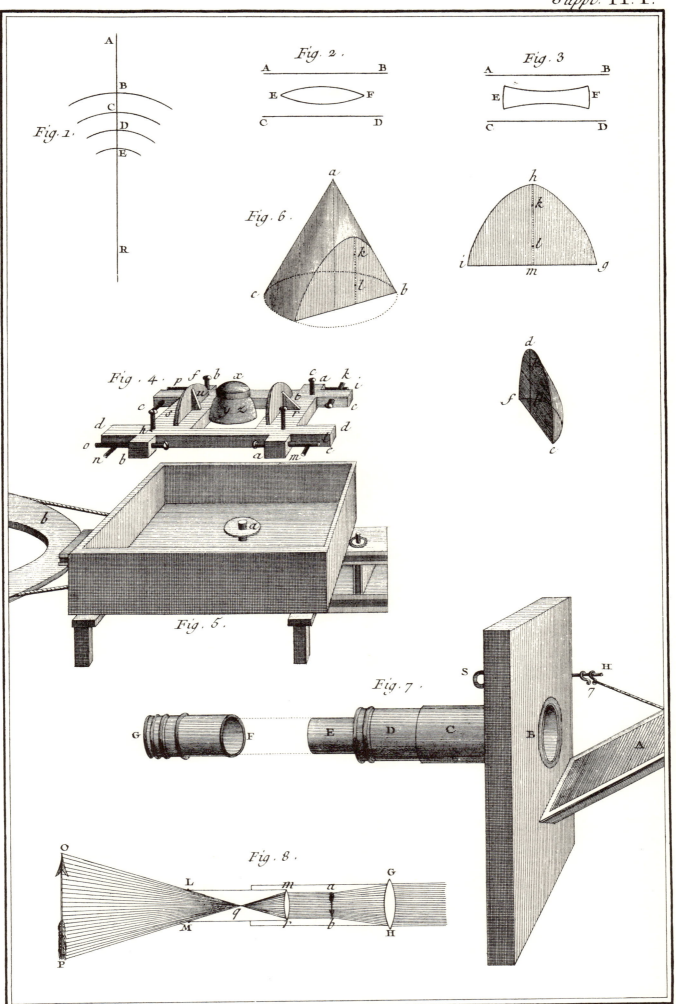

Optique

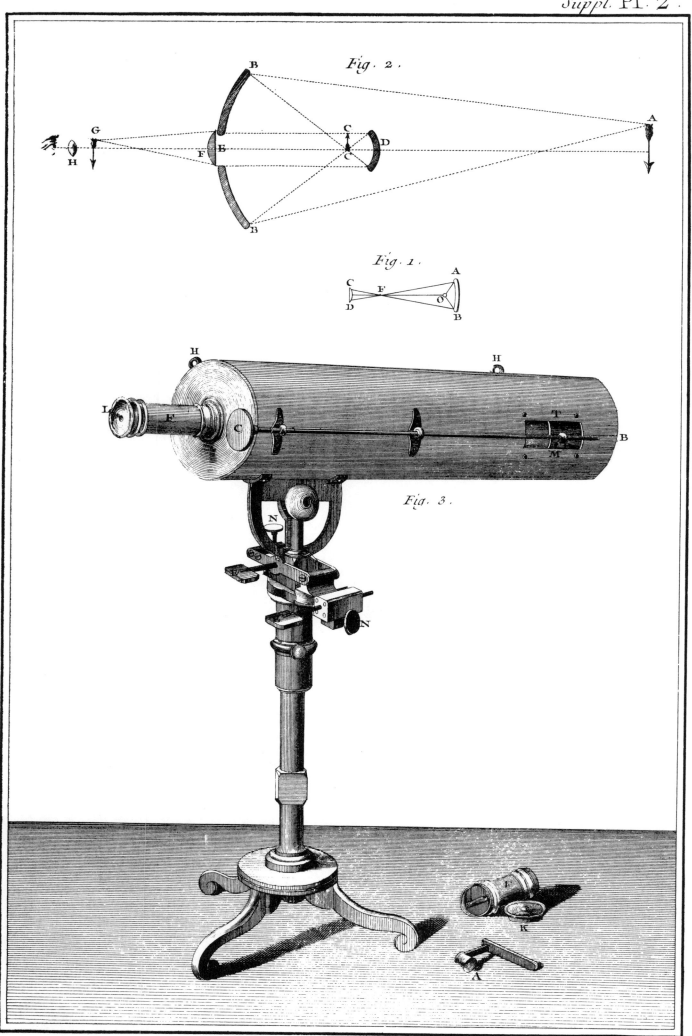

Optique.

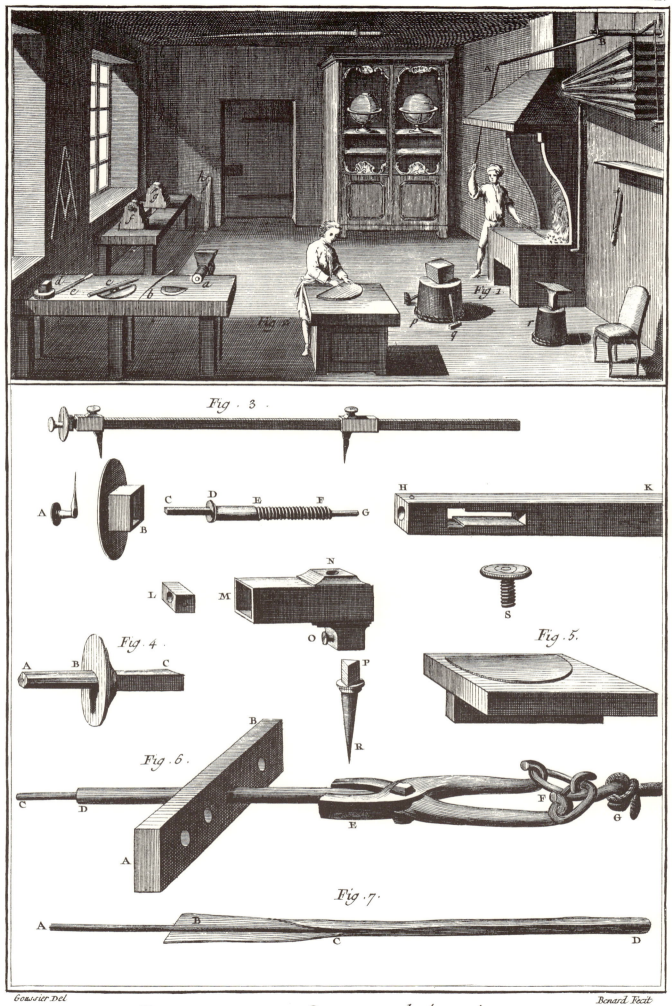

Instrumens de Mathématiques.

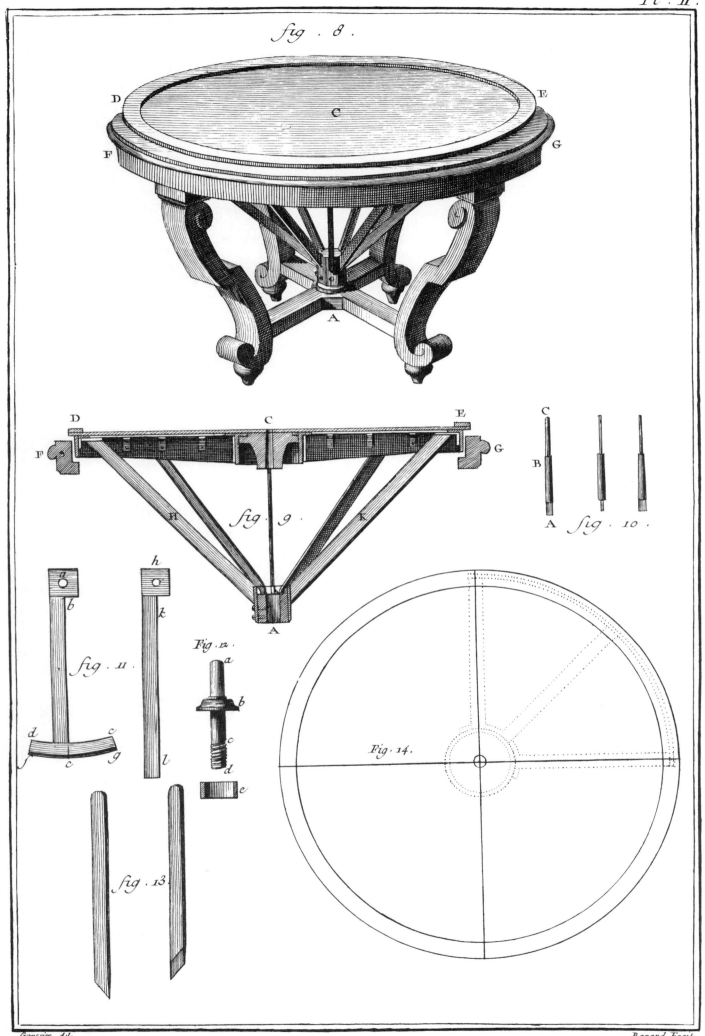

Instrumens de Mathématiques.

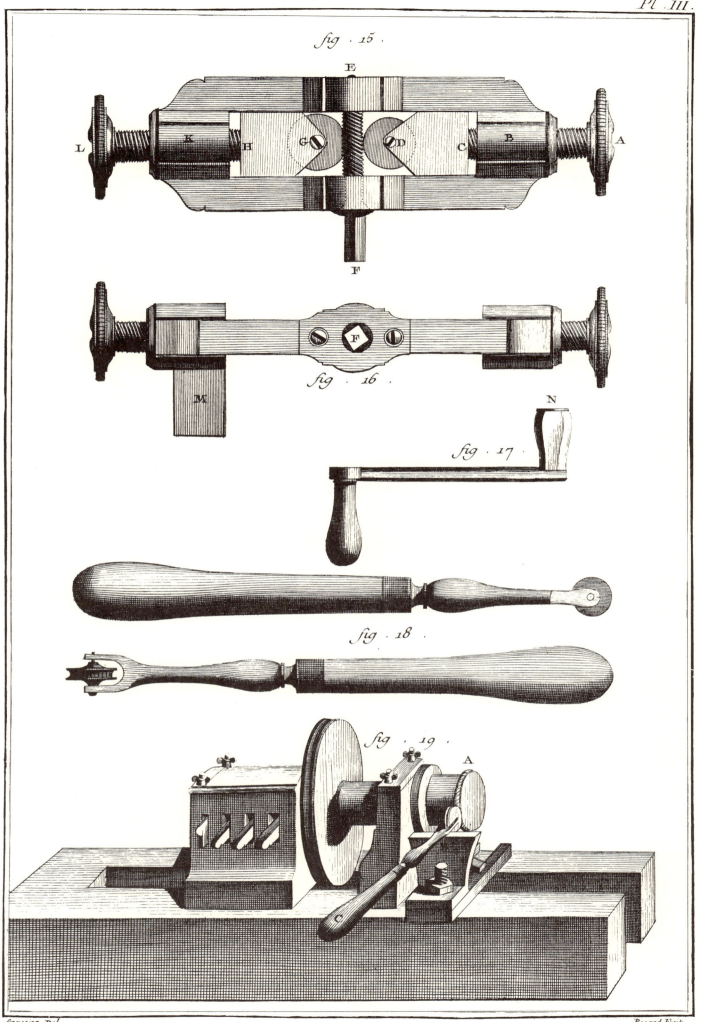

Instrumens de Mathématiques.

Pl. I.

Fig. 1.

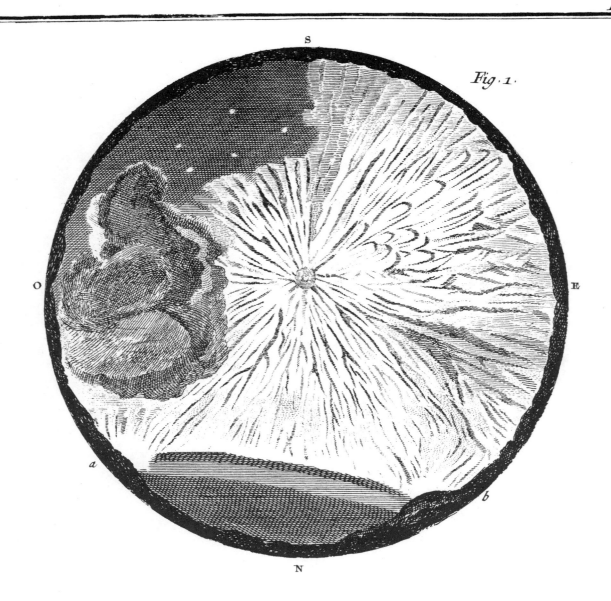

Fig. 2.

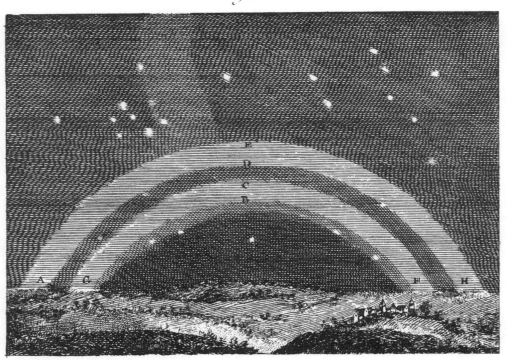

Physique.

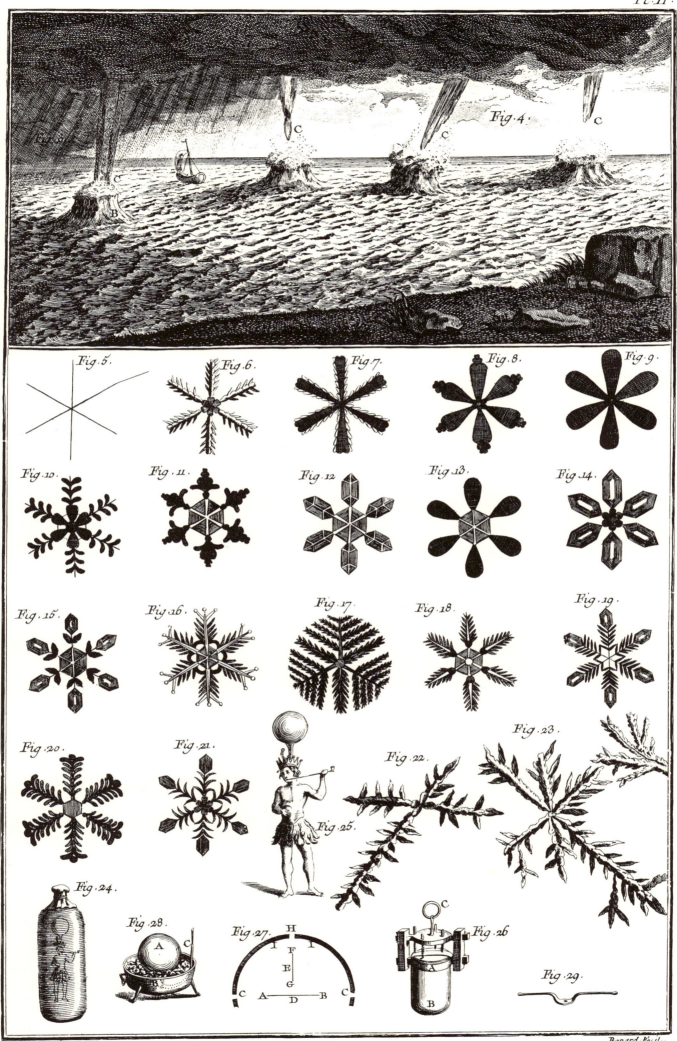

Physique.

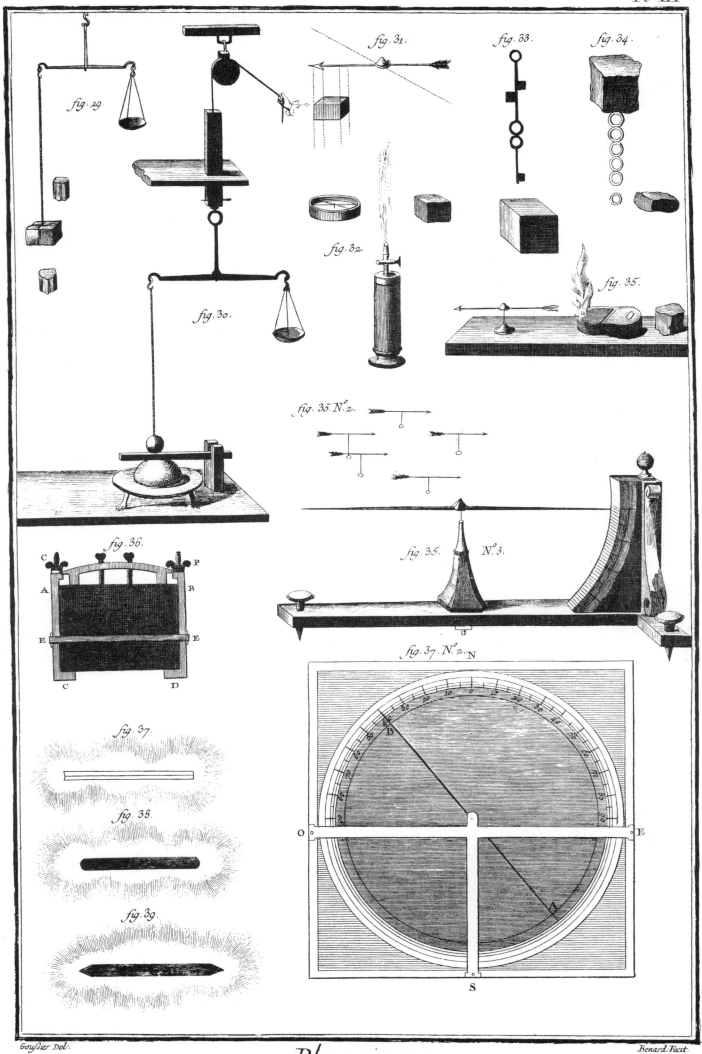

Physique.

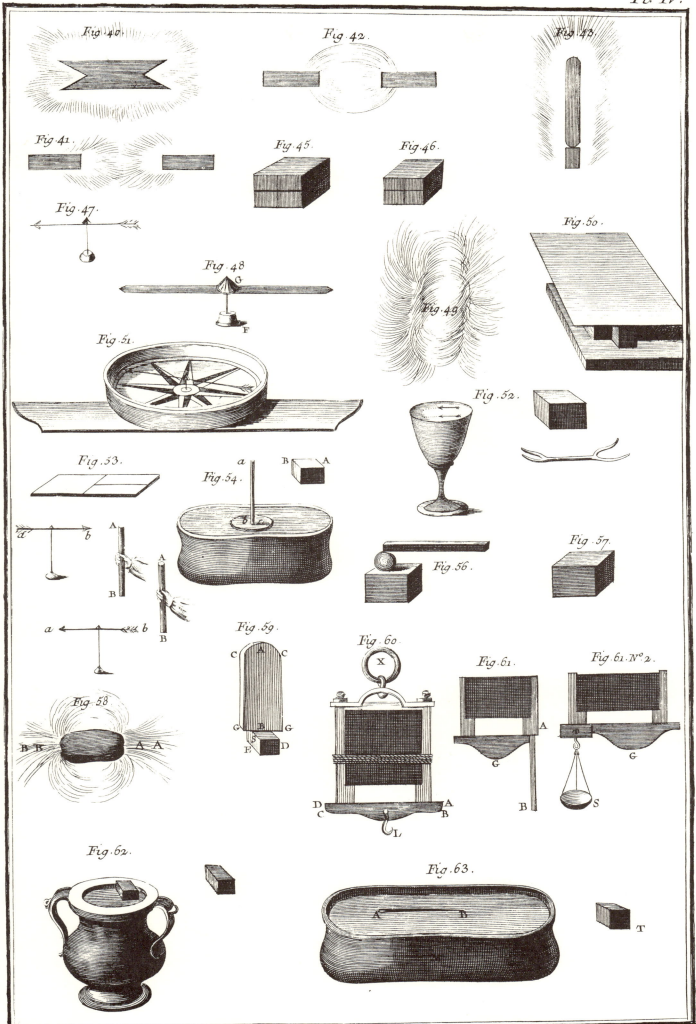

Pl. IV.

Physique.

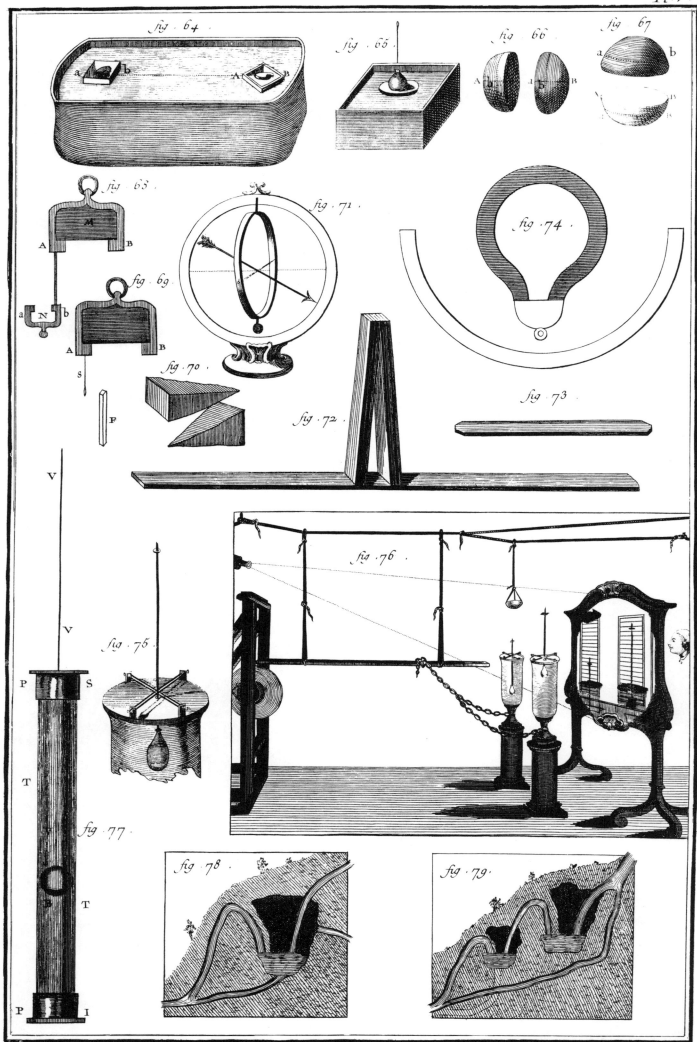

Physique.

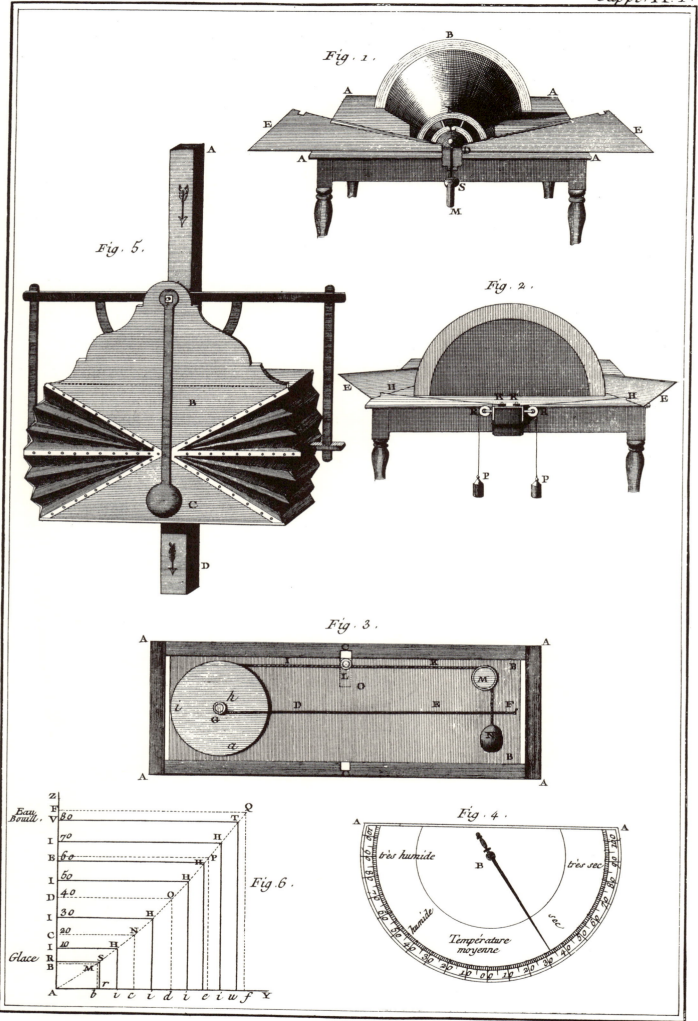

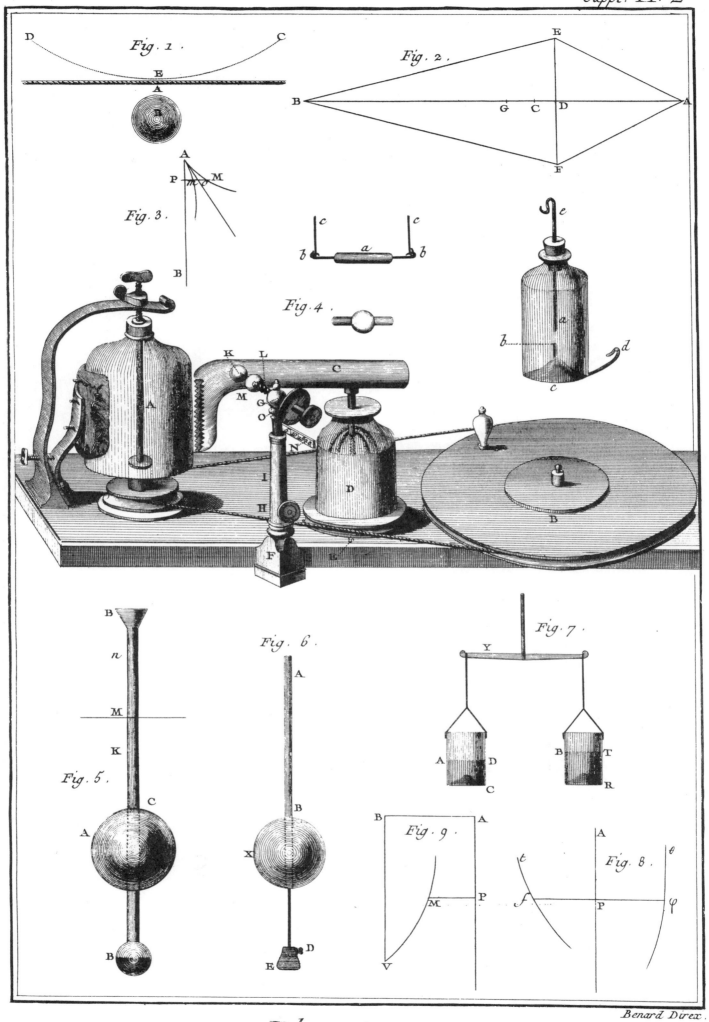

Physique.

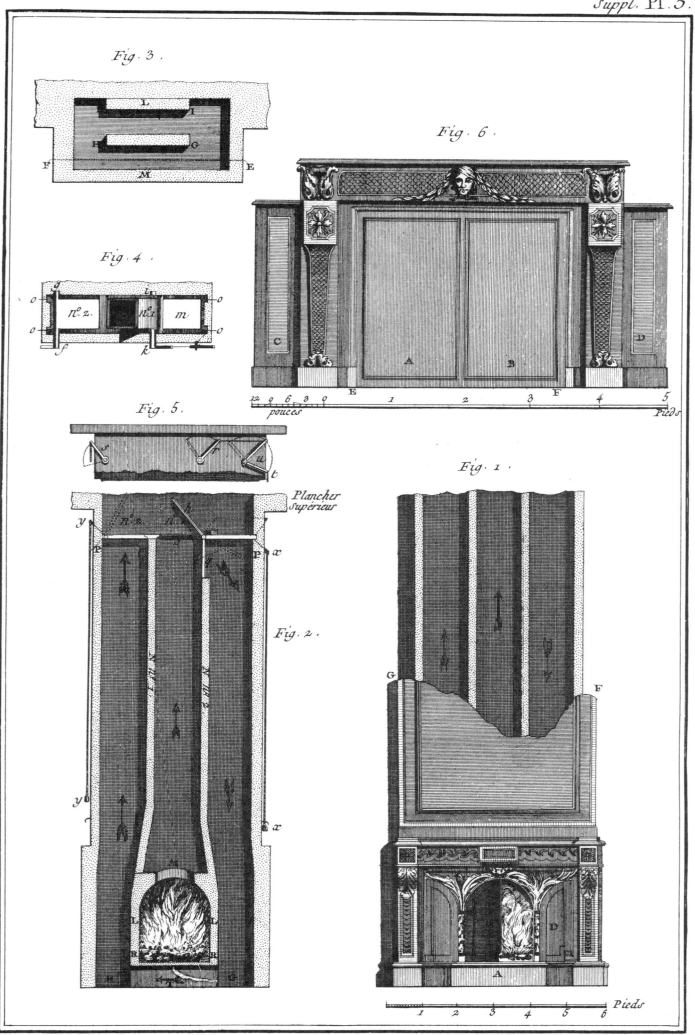

Physique.

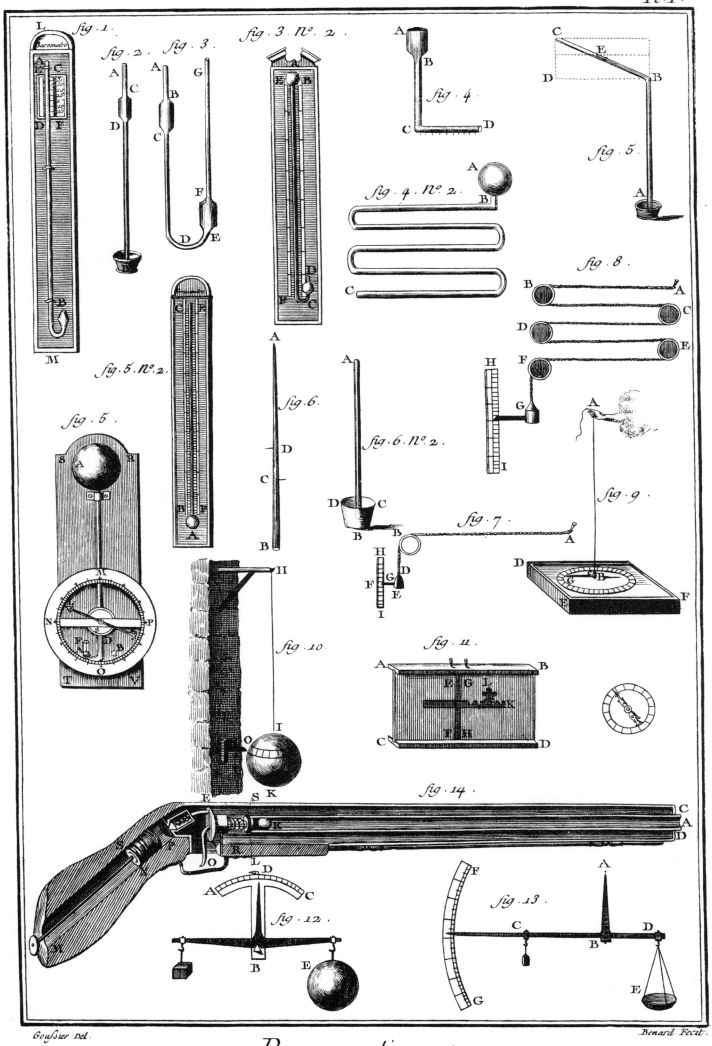

Pneumatique.

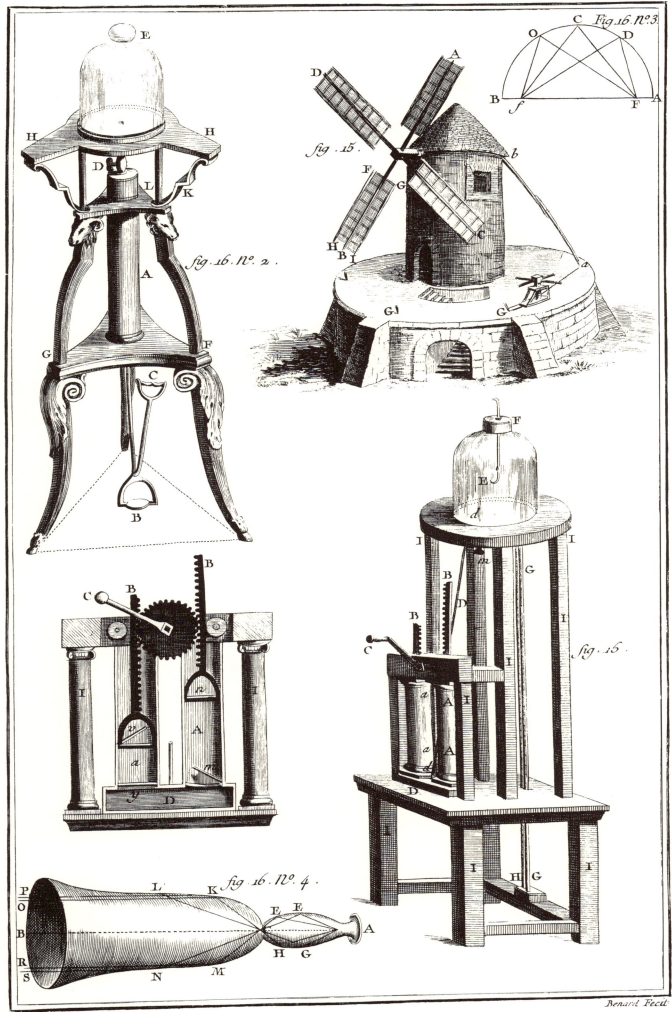

Pneumatique.

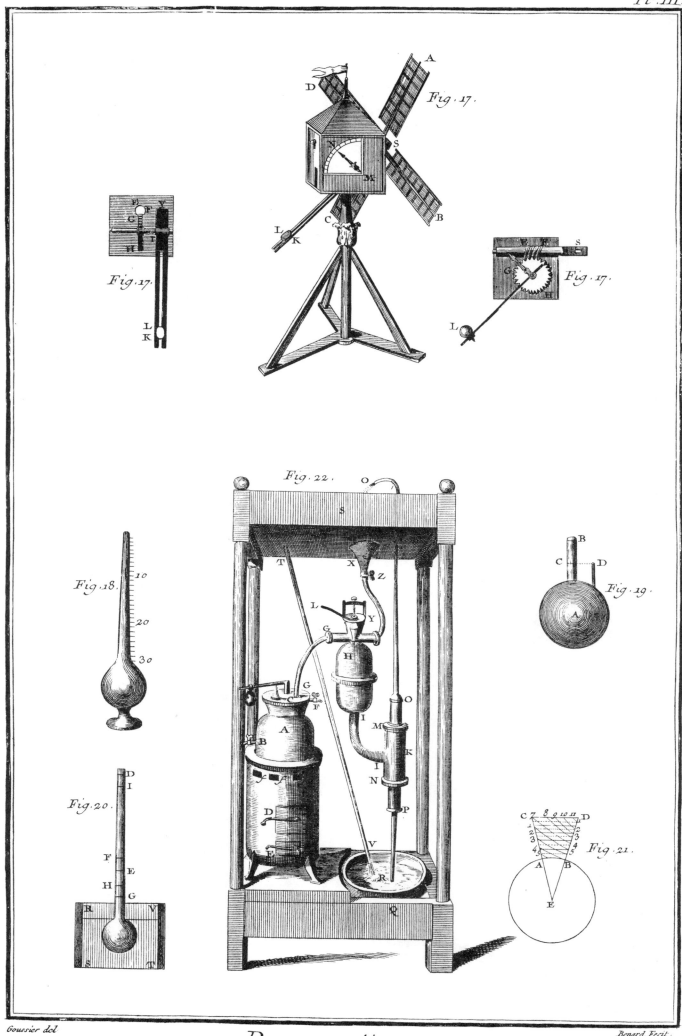

Pneumatique.

CHIMIE,

Contenant vingt-cinq Planches, vingt-quatre simples, et une double.

La premiere de ces Planches montre le laboratoire chimique, avec la table des rapports, & les quatre suivantes, les caracteres chimiques, avec leur explication; les instrumens, fourneaux, vaisseaux, & autres ustensiles du laboratoire en remplissent seize autres. Il en reste trois, dont deux représentent les crystallisations des principaux sels; & la troisieme & derniere de toutes est un emblême des procédés du grand œuvre.

PLANCHE Iere.

Le haut de cette Planche montre le laboratoire chimique; le bas est rempli par la table des rapports.

Haut de la Planche.

Fig. 1. Poudrier.
2. Flacon à goulot renversé, avec son bouchon de verre.
3. Aludels pour tirer l'esprit de soufre, selon la méthode de Stahl.
4. Balon ou récipient.
5, 6. Cornues.
7. Cucurbites de rencontre.
8. Matras avec sa tête de maure.
9, 10. Entonnoir.
11. Enfer de Boyle.
12. Jumeaux.
13. Pélican.
14. Alambic avec sa cucurbite.
15. Vaisseau à retirer les huiles essentielles pesantes, de M. Venel.
16. Matras de rencontre.
17. Vaisseau pour la sublimation des fleurs de Benjoin.
18. Appareil pour mesurer la quantité d'air qui s'échappe des corps en fermentation.
19, 19, 19, 20. Manteau de la cheminée.
21. Soufflet de forge.
22. Bain-marie pour une cucurbite de verre.
23. Serpentin double dans la cuvette.
24. Cucurbite d'un alambic de cuivre.
25. Son chapiteau.
26. Garçon de laboratoire, portant du charbon.
27. Athanor.
28. Matras en digestion dans l'athanor.
29. Tour de l'athanor.
30. Physicien conférant avec un Chimiste sur la dissolution.
31. Table du laboratoire.
32. Verres où se font des dissolutions métalliques.
33. Chimiste.
34. Fourneau d'essai.
35. Entonnoirs à filtrer des liqueurs.
36. Table percée pour recevoir plusieurs entonnoirs.
37. Récipient placé au-dessous d'un entonnoir.
38. Bocal placé au-dessous d'un entonnoir.
39. Flacon bouché.
40. Bocal couvert de papier.
41. 42. Récipient adapté à une cornue placée dans le fourneau 42.
43. Fourneau à capsules.
44. Chimiste faisant des projections pour les clissus.
45. Appareil des clissus.
46. Forge.
47. Baquet au-dessous d'une fontaine.
48. Garçon de laboratoire lavant les vaisseaux.
49. Tonneau plein d'eau.
50. Autre garçon de laboratoire.

Bas de la Planche.
Table des rapports.

PLANCHES I. II. III. IV.
Caracteres Chimiques.

Le nom de la chose est à côté du caractere qui la désigne.

N°. 4. Chimie.

PLANCHE I.

Des fourneaux, des vaisseaux & autres ustensiles du laboratoire de Chimie.

Fig. 1. Grand fourneau de réverbere pour la distillation des végétaux à feu nud, & des acides minéraux. Rouelle.
2. Fourneau pour la distillation des substances végétales au bain-marie ou au degré de l'eau bouillante. On se sert pour cet effet de l'appareil représenté à la *figure* 3. Planche IX.
3. Fourneau de réverbere en maçonnerie, pour la distillation du phosphore & de l'huile de vitriol. R.
4. Fourneau pour distiller *per descensum*. Sgobbis.
5. Fourneau pour les aludels. Geber.
6. Fourneau à vent pour la fusion des métaux; leur réduction, &c. R.
7. Galere des distillateurs d'eau forte de Paris.

PLANCHE II.

Fig. 8. Dôme du fourneau de fusion de la *figure* 10.
9. Plaque de fer servant de fermeture au fourneau de fusion de la *figure* 10.
10. Fourneau de fusion ou à vent, qui ne differe du fourneau, *fig.* 6. qu'en ce que sa chape est de maçonnerie, & qu'il y a un régitre à la cheminée pour régler le feu.
11. Grand bain-marie pour l'évaporation des extraits & des liqueurs salines qu'on veut faire cristalliser. R.
12. Fourneau pour les décoctions, extractions au moyen de l'eau, en un mot, pour toutes les opérations qui ne demandent que le degré de l'eau bouillante ou un degré inférieur. R.
13. Fourneau à capsule pour toutes les digestions ou distillations au bain de sable, de cendre, de limaille, &c. R.
14. Pour la calcination des mines & des métaux. R.
15. Coupe longitudinale du fourneau de la *figure* 14, pour en faire voir l'intérieur.
16. Fourneau avec une cucurbite basse, de terre, pour distiller à feu nud.
17. Coupe horisontale du fourneau d'affinage de Saxe, Hongrie & Boheme. Hellot.
18. Elévation du même fourneau.
19. Coupe transversale du fourneau d'affinage de Schluther.
20. Coupe horisontale du même fourneau.
21. Elévation du même fourneau.

PLANCHE III.

Fig. 22. Fourneau d'affinage de Cramer. On a représenté dans la même figure la coupe du fourneau, pour en faire voir l'intérieur avec sa casse, sa moufle, le feu, les soupiraux, &c. On voit dans la même figure son élévation.
23. Fourneau pour le départ des matieres d'or & d'argent. Hellot.
24. Coupe verticale du même fourneau.
25. Grand fourneau pour la fonte des mines, avec sa chemise. Cramer.
26. Fourneau de fusion de Cramer.
27. Dôme de ce fourneau.
28. Son cendrier ou piédestal.
29. Sa grille.
30. Complément de la *fig.* 31. faisant ensemble un fourneau semblable à celui de la *fig.* 26.
31. Partie inférieure d'un fourneau semblable à celui de la *fig.* 26.
32. Autre cendrier de la *fig.* 26. luté en-dedans & garni d'un bassin pour recevoir le métal fondu.
33. Autre cendrier de la même *fig.* 26. différent du précédent, en ce que le bassin intérieur est disposé de

façon que la matiere fondue coule dans un second petit baſſin ou catin.

O, tuyere de cuivre s'adaptant au baſſin de réception, & y conduiſant le vent du ſoufflet.

34. Porte des cendriers ayant en-dedans une lame de tole pour ſoutenir la terre dont on la garnit.
35. Moule elliptique ſervant à former le fourneau de fuſion précédent.
36. Fourneau de fuſion quarré.
37. Fourneau de fuſion à tour.
38. Fourneau de fuſion de Pott, qui l'a employé pour l'examen des terres, & leur vitrification.

PLANCHE IV.

39. Petit fourneau de verrerie de Kunkel, corrigé par Cramer, exécuté chez M. Rouelle, & qu'on pourroit perfectionner encore, en y appliquant la bouche du fourneau de fayancerie.
40. Coupe verticale du fourneau précédent, priſe de devant en arriere.
41. Coupe horiſontale de la premiere chambre.
42. Coupe horiſontale de la ſeconde chambre.
43. Coupe horiſontale de la troiſieme chambre.
44. Coupe horiſontale de la quatrieme chambre.
45. Fourneau d'eſſai à l'angloiſe, vû par le côté.
46. Sa coupe horiſontale.
47. Sa coupe verticale.
48. Sa fondation.
49. Ce même fourneau vû par-devant.
50. Fourneau d'eſſai en tole, avec une grille, de Cramer.

PLANCHE V.

51. Canal de tole qui s'ajuſte à la bouche du foyer du fourneau précédent, & qu'on emplit de charbons ardens pour empêcher que l'air qui frappe cette bouche, ne réfroidiſſe la matiere en fuſion.
52. Coupe du fourneau de la *fig.* 50. Elle eſt priſe de devant en arriere.
53. Autre coupe priſe d'un côté à l'autre parallelement à la face.
54. Fourneau d'eſſai en terre des fournaliſtes de Paris. R.
55. Coupe d'un fourneau d'eſſai en tole ſans grille. Schluther.
56. Athanor de Cramer. NB. Cet athanor qui eſt exécuté à Surene dans le laboratoire de M. le comte de Lauraguais, ne répond pas à beaucoup près à l'idée que M. Cramer en a donnée.
57. Plaque de fer encadrée, ſervant de fermeture aux cheminées de l'athanor.
58. Plaque de fer ſervant de régitre pour gouverner le feu, elle doit être placée entre la tour & la premiere chambre.
59. Piſton pour fermer l'ouverture de la porte de la premiere chambre.
60. Porte de la premiere chambre.
61. Chaudron de fer ſervant de bain de ſable ou de bain-marie, ou même de réverbere, en le renverſant ſuivant l'opération qu'on en veut faire, & l'eſpece de feu dont on a beſoin.
62. Fourneau à lampe de Sgobbis, pour des digeſtions à un feu léger.
63. Fourneau à lampe ordinaire, avec lequel les dames peuvent diſtiller des eaux de ſenteur.
64. Athanor philoſophique hermétique de Roquetaillade (Rupeciſſa).

Fig. 65. Athanor avec un bain de ſable, pour les digeſtions, les évaporations, les teintures, &c. Les deux avents les plus près de la tour ſont ſuperflus; on peut les retrancher ſans inconvénient.

PLANCHE VI.

66. Fourneau pour ſublimer des matieres qu'on jette ſur des charbons ardens. *Glaub. furn. lib.* 1.
67. Appareil pour diſtiller les matieres végétales & l'eſprit de vin dans un tonneau, ſans avoir beſoin de recourir aux chaudieres, aux alambics, &c. en faveur des pauvres gens. *Glaub. lib.* 3.
68. Bain-marie dans un baquet qu'on échauffe par le moyen d'un globe de cuivre appliqué au fourneau de la *fig.* 67. *Glaub. ibid.*
69. Baquet pour la coction de la bierre, &c. qu'on échauffe comme le précédent. *Glaub. ibidem.*
70. Bain dans un cuvier, échauffé par le même moyen que les précédens. *Glaub. ibid.*
71. Etuve en bois pour le bain ſec, qu'on échauffe de la même maniere que les vaiſſeaux précédens. *Glaub. ibid.*
72. Support de l'appareil de la *fig.* 73. qui ſuit.
73. Appareil pour connoître la quantité d'air qui ſe dégage d'un corps dans la diſtillation. Hales corrigé par Rouelle.
74. Appareil pour la diſtillation du vinaigre à feu nud.
75. Fourneau polychreſte de Dorn. Lib.

PLANCHE VII.

Fig. 76. Appareil pour une diſtillation graduée. Libav.
77. Cucurbite pour une diſtillation graduée. Manget, *theat. pharmaceut.*
78. Courge de cuivre, pour la diſtillation des plantes, du vin, de la bierre, &c. Lemery.
79. Son chapiteau & ſa colonne.
80. Alambic de verre de deux pieces.
81. Cucurbite de verre très-élevée, pour la diſtillation des matieres ſujettes à gonfler. R.
82. Alambic de verre de deux pieces, avec un matras pour récipient.
83. Matras avec ſa tête de maure, pour rectifier l'eſprit de vin à l'eau, à la maniere de Kunkel.
84. Courge avec ſa colonne en zig-zag, qu'on employoit autrefois pour alkooliſer l'eſprit de vin dès la premiere diſtillation, mais qu'on a abandonnée depuis qu'on s'eſt apperçu qu'une courge avec une colonne d'un pié donnoit cet eſprit de vin autant déphlegmé que les colonnes les plus longues.

PLANCHE VIII.

85. Chapiteau ſans gouttiere ouvert par le haut. Libav.
86. Le chapiteau précédent ſurmonté d'un chapiteau à bec ſans gouttiere. Libav.
87. Chapiteau avec un tuyau recourbé partant de ſon ſommet. Libav.
88. Chapiteau double pour une diſtillation graduée. Libav.
89. Chapiteaux diſpoſés en aludels, ſans bec. Libav.
90. Chapiteaux diſpoſés en aludels, avec des becs. Lib.
91. n. 1. Récipient à ſyphon pour la diſtillation des huiles eſſentielles légeres. Manget.
91. n. 2. Récipient à bec pour les huiles eſſentielles peſantes. Venel.
92. Appareil pour retirer les huiles eſſentielles de l'eau par la meche.
93. n. 1. Cucurbite avec rebord. Libav.
93. n. 2. Autre cucurbite à rebord pour une diſtillation graduée. Libav.
94. Cucurbite double. Libav.
95. Alambic pour la diſtillation & la cohobation. Lib.
96. Alambic avec ſa tête de maure & un tuyau qui traverſe un tonneau plein d'eau pour tenir lieu de réfrigérent. On peut l'employer pour la diſtillation des eaux aromatiques des plantes, leurs huiles eſſentielles, les eſprits, &c.
97. La chapelle des anciens, avec laquelle ils diſtilloient leur eau roſe.
98. Alambic de Geber.
99. Autre vaiſſeau diſtillatoire de Geber.
100. Autre du même.
101. Cloche de verre pour démontrer l'inflammabilité des vapeurs de l'eſprit de vin. R.
102. Cloche de verre à gouttiere, ouverte par le haut, pour la diſtillation de l'eſprit de ſoufre. R.
103. Serpentin double en ſpiral, placé dans une cuvette qu'on remplit d'eau froide pour tenir lieu de réfrigérent. On s'en ſert pour la diſtillation de l'eſprit de vin, des eſprits aromatiques & des huiles eſſentielles. On conſacre ordinairement un des ſerpentins à la diſtillation de l'eſprit de vin, & on ne l'employe qu'à cela.
104. Cloche de verre pour diſtiller à la chaleur du

CHIMIE.

105. Grande capsule de verre destinée à recevoir les matieres à distiller.
106. Petite capsule de verre qui se met dans la grande, & qui contient les matieres à distiller, faisant l'office de cucurbite.
107. Pieces des *fig.* 104. 105. & 106. appareillées.

PLANCHE IX.

108. Distillation ou digestion au soleil par réflexion. Libav.
109. Distillation ou digestion par réfraction. Libav.
110. Distillation au soleil par réflexion pour une cornue. Libav.
111. Alambic de cuivre polycreste, au moyen duquel on peut distiller toute sorte d'eaux, d'esprits, d'huiles essentielles, &c. au bain de vapeur, au bain-marie ou au degré de l'eau bouillante. R.
112. La piece inférieure de l'alambic précédent; elle sert de cucurbite, lorsqu'on veut distiller au degré de l'eau bouillante ou du bain-marie, lorsqu'on n'a besoin que d'un degré de chaleur moins considérable.
113. La piece supérieure coupée pour faire voir son chapiteau d'étain & son réfrigérent de cuivre.
114. Cucurbite d'étain qu'on ajuste dans l'alambic précédent, lorsqu'on veut distiller au bain-marie.
115. Autre cucurbite d'étain qu'on substitue à la précédente, lorsqu'on ne veut avoir que la chaleur du bain de vapeur.
116. Couvercle qui s'ajuste également aux deux cucurbites, *fig.* 114 & 115. & à la piece de la *fig.* 112.
117. Chaudron de cuivre pour placer une cucurbite au bain-marie. R.
118. Son couvercle avec un trou au milieu pour donner passage au col de la cucurbite. On a représenté la cucurbite adaptée à ce couvercle. On employe cet appareil, lorsqu'on veut distiller des substances qui pourroient attaquer les vaisseaux de métal, & qui n'exigent pas un grand degré de chaleur, telles que le cochlearia & les autres plantes cruciferes, le vinaigre, &c.
119. Diploma ou bain-marie des anciens, avec son fourneau. Libav.
120. Plaque percée en fer ou en cuivre, pour soutenir le vaisseau sur le bain.
121. Couvercle du vaisseau avec des crochets en-dedans pour suspendre les matieres qu'on ne veut qu'humecter.
122. Cucurbites de rencontre.
123. Matras de rencontre. On se sert de l'un ou de l'autre de ces deux appareils pour les digestions, les circulations, &c.
124. Appareil de cohobation. Libav.
125. Vaisseaux de l'appareil précédent.
126. Bain pour les vaisseaux de l'appareil ci-dessus, *fig.* 224.

PLANCHE X.

Fig. 127. Appareil pour un bain de fumier.
128. Dôme de cet appareil. Libav.
129. Cucurbite pleine d'eau pour échauffer le fumier du bain.
130. Cercle brisé & percé pour soutenir la cucurbite supérieure.
131. Cucurbites de rencontre de l'appareil ci-dessus, *fig.* 127.
132. Pélican de verre pour les circulations R.
133. Jumeaux de verre pour les cohobations. R.
134. n. 1. Chapiteau aveugle.
134. n. 2. Chapiteau tubulé, sans bec ni gouttiere.
134. n. 3. Autre chapiteau semblable au précédent, mais moins élevé.
135. Aludels de Geber pour la cohobation.
136. Autres du même.
137. Vaisseaux de rencontre. Geber.
138. Jumeaux sans gouttiere. Geber.
139. Vaisseaux avec une rainure tout autour du goulot, pour conserver les substances volatiles. *Gl. furn.*
140. Enfer ancien. R.
141. Œuf philosophique.
142. Matras de digestion à fond plat, qu'on peut employer, comme l'enfer, à la calcination du mercure.
143. Enfer de Boyle. R.
144. Pieces séparées de l'enfer de Boyle.
145. Appareil d'Evonimus pour la distillation de l'huile de vitriol.

PLANCHE XI.

Fig. 146. Cornue basse.
147. Cornue élevée.
148. Cornue tubulée.
149. Bain-marie pour une cornue. Lib.
150. Retorte en fer ou en cuivre, dont le col se démonte à vis. Lib.
151. Retorte à double col.
152. Balon à trois becs. Manget.
153. Balons à deux becs enfilés. On les employe toutes les fois qu'on a à distiller des matieres dont les produits se condensent difficilement, comme l'esprit de sel, &c.
154. Balon tubulé avec son récipient, en usage, lorsqu'on veut séparer les différens produits d'une distillation, ou qu'on veut avoir les sels volatils concrets les plus purs qu'il est possible, dès la premiere distillation.
155. Capsule de terre ou de fer, pour placer une cornue au bain de sable.
C, son complément, lorsqu'on veut y placer un alambic ou tout autre vaisseau ou une cornue.
156. Appareil pour la distillation de l'huile de vitriol. R. Cet appareil est composé d'une cornue, d'une allonge ou fuseau de Glauber, & d'un balon qui sert de récipient. On voit entre l'allonge & la cornue un petit tuyau de barometre pour fournir l'air nécessaire au jeu de la distillation.
157. Cuines ajustées des distillateurs d'eau-forte.
158. Vaisseau pour le descensum.
a, sa grille.
159. Descensum dans un verre. Lemery.
160. n. 1. Descensum pour les matieres sujettes à se refroidir avant d'être purifiées. Geber.
160. n. 2. Descensum. Geber.
161. Appareil pour attraper les vapeurs de la poudre à canon qu'on fait détonner, celles de l'antimoine, du charbon, &c. détonnés avec le nître. On donne le nom de *clissus* à ces vapeurs condensées & réduites en liqueur.
162. n. 1. Appareil pour filtrer par la meche. Geber.

PLANCHE XII.

162. n. 2. Descensum dans un tonneau. Lib.
163. Creusets pour le descensum. Rouelle.
164. Descensum au soleil. Lib.
165. Appareil pour la sublimation des fleurs de benjoin. R.
166. Aludels pour retirer l'acide sulphureux volatil, suivant le procédé de Stahl. R.
167. Aludels de terre pour la sublimation des fleurs de souffre. R.
168. Aludels de Geber.
169. Pot pour la sublimation des fleurs d'antimoine. Lemery. On n'en a donné que la coupe pour faire voir l'arrangement du couvercle intérieur.
170. Aludels anciens. R.
171. Machine à triturer de Langelotte, pour les substances métalliques.
172. Appareil pour évaluer l'air qui sort des substances en fermentation. Rouelle.
173. Machine pour laisser tomber les sels en deliquium, de Lib.
174. Vase plat de verre pour laisser tomber les sels en deliquium. R.
175. Terrine de grès ordinaire.
176. Evaporatoire plat & bas pour la crystallisation des sels. R.

177. Evaporatoire élevé. R.
178. Evaporatoire hémisphérique. R.
179. Evaporatoire ovoïde. R.
180. Autre évaporatoire hémisphérique. R.
181. Valet de paille pour assujettir les évaporatoires.
182. Poudrier à pontis & à gorge. R.
183. Poudrier à goulot sans gorge. R.

PLANCHE XIII.

Fig. 184. Vaisseau pour séparer différentes liqueurs confondues ensemble. Lib.
185. Le même, auquel on a adapté un filtre.
186. Appareil pour filtrer en petit. R.
187. Entonnoir de verre pour les cornues, matras, &c. R.
188. Flacon de crystal avec son bouchon de même matiere, ajusté à la façon de Lemery.
189. Appareil pour filtrer en grand. On a représenté un des jambages de la cage brisée, pour laisser voir la terrine destinée à recevoir la liqueur.
190. Partie supérieure du pilullier de Francfort.
191. Sa partie inférieure. R.
192. Trochisquier. R.
193. Mouilloir pour les décoctions en petit. R.
194. Chevrette. R.
195. Mandrins pour les piédestaux. Cramer.
196. Coupe d'un piédestal fait avec ce mandrin.
197. Grande coupelle ou casse faite dans un cercle de fer. Cramer.
198. Pilon à dents pour tasser la cendrée de la grande coupelle. Cramer.
199. Grande coupelle faite dans une terrine. Cramer.
200. Moine pour former l'intérieur des coupelles pour les essais en petit. Cramer.
201. None pour former l'extérieur de ces mêmes coupelles, *id.*
202. Coupe d'une de ces coupelles.
203. Coupelle vûe en entier.
204. Moine pour former l'intérieur des scorificatoires. Cramer.
205. Sa none. Cette none sert aussi au mandrin de la *fig.* 195. Cramer.
206. Coupe d'un scorificatoire. Cramer.
207. Moine pour former l'intérieur des creusets coniques. Cramer.
208. Sa none. Cramer.
209. None brisée pour les creusets triangulaires. Cram.
210. Boîte pour saupoudrer la claire, c'est-à-dire la cendre passée. Cramer.
211. Autre moule pour les creusets coniques ou d'essai. R.
212. Creuset triangulaire. Cramer.
213. Creuset d'essai. Becher.
214. Plane courbe pour excaver les grandes coupelles. Cramer.
215. Creuset conique Rouelle.
R. petit régule métallique.

PLANCHE XIV.

216. Presse pour faire les creusets coniques. Lib.
217. Moule concave pour faire les moufles servant aux essais en petit. Cramer.
218. Planche formant l'intérieur de la moufle. Cram.
219. & 220. Ecrous. Cramer.
221. Moule convexe pour former l'extérieur des moufles. Cramer.
222. Vis servant de manche au moule convexe. Cram.
223. Instrument ou segment rectangle, pour fermer les soupiraux de la moufle d'essai. Cramer.
224. Moufle sphéroïde. Cramer.
225. Moule de bois, sur lequel se font les moufles précédentes. Cramer.
226. Moufle ordinaire pour les essais en petit, & sur-tout pour les essais de l'argent. Cramer.
227. La même vûe par-devant. On apperçoit dans son intérieur les coupelles qui contiennent la matiere à essayer. Cramer.
228. Ecran à visiere transversale.
229. Ecran à visiere verticale.
230. Ecran garni d'un verre.
231. Treuil en moussoir pour la granulation des métaux. Le traducteur anglois de Cramer.
232. Granulation à l'eau de Cramer.
233. Tenailles à bec.
234. Tenailles à creusets.
235. Lingotiere à fossettes. Lib.
236. Aiguilles d'essai. Cramer.
237. Tenailles à coupelles. Cramer.
238. Pince pour les boutons de fer.
239. Aiguilles d'essai montées sur un cercle. Agricola.
240. Crochet de fer. Cramer.
241. Fil de fer.
242. Autre crochet de fer.
243. Crochet sigmoïde. Cramer.
244. Autre crochet. Cramer.
245. Cueillere de fer pour les essais. Rouelle.

PLANCHE XV.

Balance docimastique.

Fig. 246. Ecrou.
247. Balance d'essai exécutée par le sieur Galonde pour M. Rouelle.
248. La même balance vûe hors de sa lanterne.
249. Sa chape & son support.
250. Sa lanterne.
251. Les poids d'essai.
252. Plateau de verre pour les eaux salées.
252. n. 2. Vaisseau pour les fluides.
253. Balance renversée ou seconde balance docimastique de Cramer.
254. Support de la premiere balance de Cramer; la balance à la Planche suivante.

PLANCHE XV. bis.

255. Fléau de la premiere balance de Cramer, avec sa languette.
256. Chasse de la balance.
257. Le brayer.
258. Les bassins.
259. Bain-marie à plusieurs cucurbites.
260. Athanor double. D'un côté on apperçoit un alambic au bain-marie, & de l'autre, deux matras de rencontre au bain de sable. Cet athanor est disposé de façon qu'on peut faire du feu sous l'un ou l'autre de ces deux bains, sans allumer la tour.
261. Lingotiere pour la pierre infernale. Rouelle.
262. La même lingotiere ouverte.
263. Le jet.
264. Cercle avec écrou pour serrer la lingotiere.
265. La pierre infernale tirée de la lingotiere.

PLANCHE XVI.

De la crystallisation des sels.

Fig. 1. Crystallisation du sel de soude.
2. Tartre vitriolé.
3. Sel de Glauber.
4. Alun.
5. Vitriol verd.
6. Vitriol bleu.
7. Nitre.

PLANCHE XVII.

8. Nitre quadrangulaire.
9. Crystallisation du mercure dissous en eau forte.
10. Crystallisation du sel marin.
a, pyramide du sel marin, vûe en-dessus. *b*, même pyramide vûe en perspective. *c*, crystal de sel marin en obélisque. *d*, cube de sel marin, où on apperçoit une cavité pyramidale à sa partie supérieure. *e*, terrine au fond de laquelle l'on voit des cubes de sel marin; & à la surface, des pyramides.
11. Sel végétal.
12. Sel de seignette.
b, crystal de sel de seignette. *c*, autre crystal plus régulier. *d*, même crystal vû par sa partie inférieure. On y apperçoit la cavité qui le caractérise.
13. Tartre stibié.
14. Crystallisation du souffre.

PLANCHE XVIII.

Emblême du travail de la pierre philosophale, tiré de Libavius.

Laboratoire et table des Raports

Pl. I

Symboles	Nom	Symboles	Nom	Symboles	Nom	Symboles	Nom
♂, ⚔	Acier	▽, ⏧	Azur	◊, ☉	Chaux d'Œufs	⊔, ℥	Cucurbite
♀, ♀	Airain brulé	🏠MB	Bain Marie	□, ▢	Chaux d'Or	♂, ℭ	Cuillerée
⊖, ⊕	Air	🏠B	Bain de Vapeurs	⊕, ℥	Chaux de Vitriol	ʒſ, ʒ	Demie dragme
₥, ʒ	Alembic	ᐃ, ᐃ	Blanc d'Espagne	ψ, ♌	Chaux vive	℔, L	Demie livre
⊘, ⌭	Alun	₥, ₥	Bol Armenien	♄, ♄	Chopine	ʒſ, ʒ	Demie once
⊘, ✒	Alun de Plume	⚶, ♄	Baume	♀, ♀	Cinabre	⊝, ⊙	Digérer
A, ▦	Amalgame	W, △	Borax	⊕, ⟡	Cinabre d'Antimoine	⊕, 🏠	Distiller
⊕, ₥	An	▦, Ɖ	Brique	Č, Ȼ	Cire	▪, ♌	Eau
ã, N	Ana	□, ▨	Brique pulverisée	Q, ʒ	Coaguler	C̃, ☰	Eau Commune
♂, ⚹	Antimoine	△, ℞	Calciner	Z, ▦	Congeller	VF, W	Eau forte
☽, △	Argent	⚛, W	Camphre	△, ⚹	Corail	VR, ⚹	Eau regale
♂, ♂	Regule d'Arsenic	Z, ⊔	Cémenter	Č, ♉	Corne de Cerf	K, ⚹	Eau de Vie
🏠, Ⱥ	Athanor	E, ⊙	Cendre	ʊ, ⊍	Crane Humain	ψ, Y	Ecorce de grenade
Ⱥ, ⊕	Vitriol Rouge	✚, ♭	Cendre Clavelée	⊔, ⊍	Creuset	⊕, ⚸	Ecume de Nitre
⊕, ▫	Vitriol blanc	⚸, ⚷	Céruse	♄, △	Cristal	⋈, ⋈	Esprit
⚭, ⊔	Aimant	C, Ȼ	Chaux	♄, ♄	Cristal de Saturne	V̊, V̥	Esprit de Vin

Caracteres de Chymie

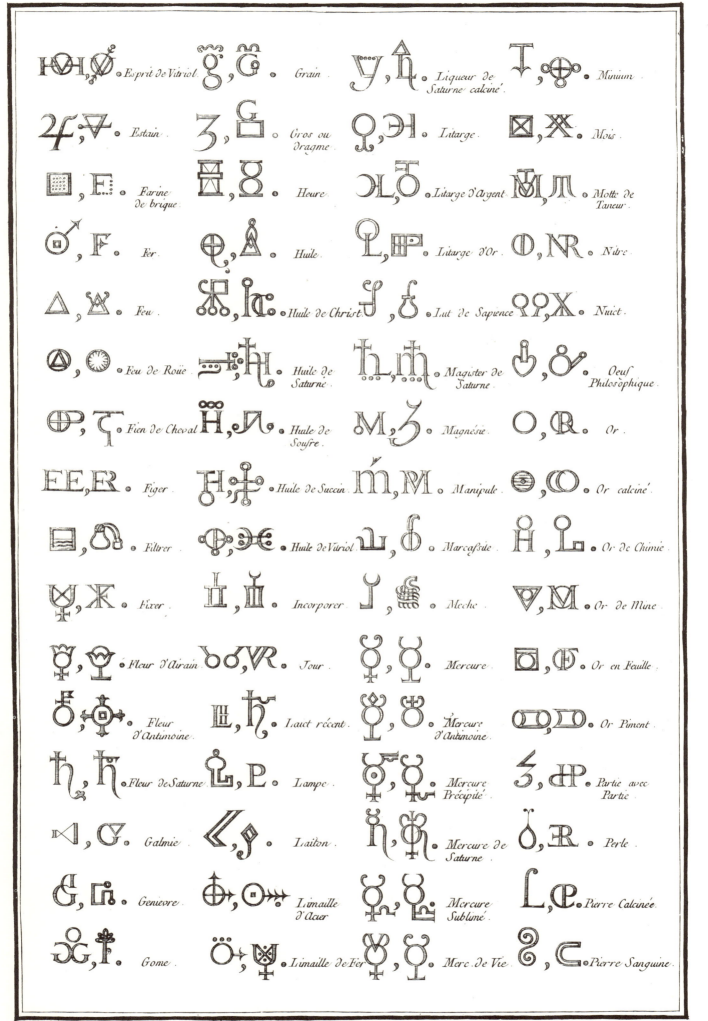

Caracteres de Chymie.

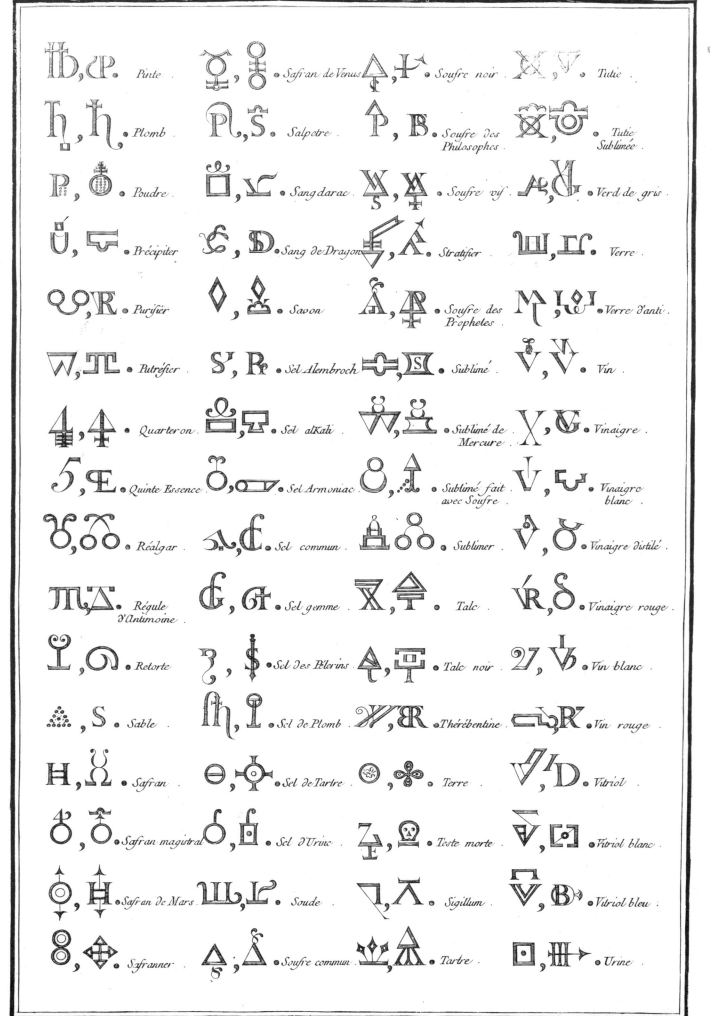

Caracteres de Chymie.

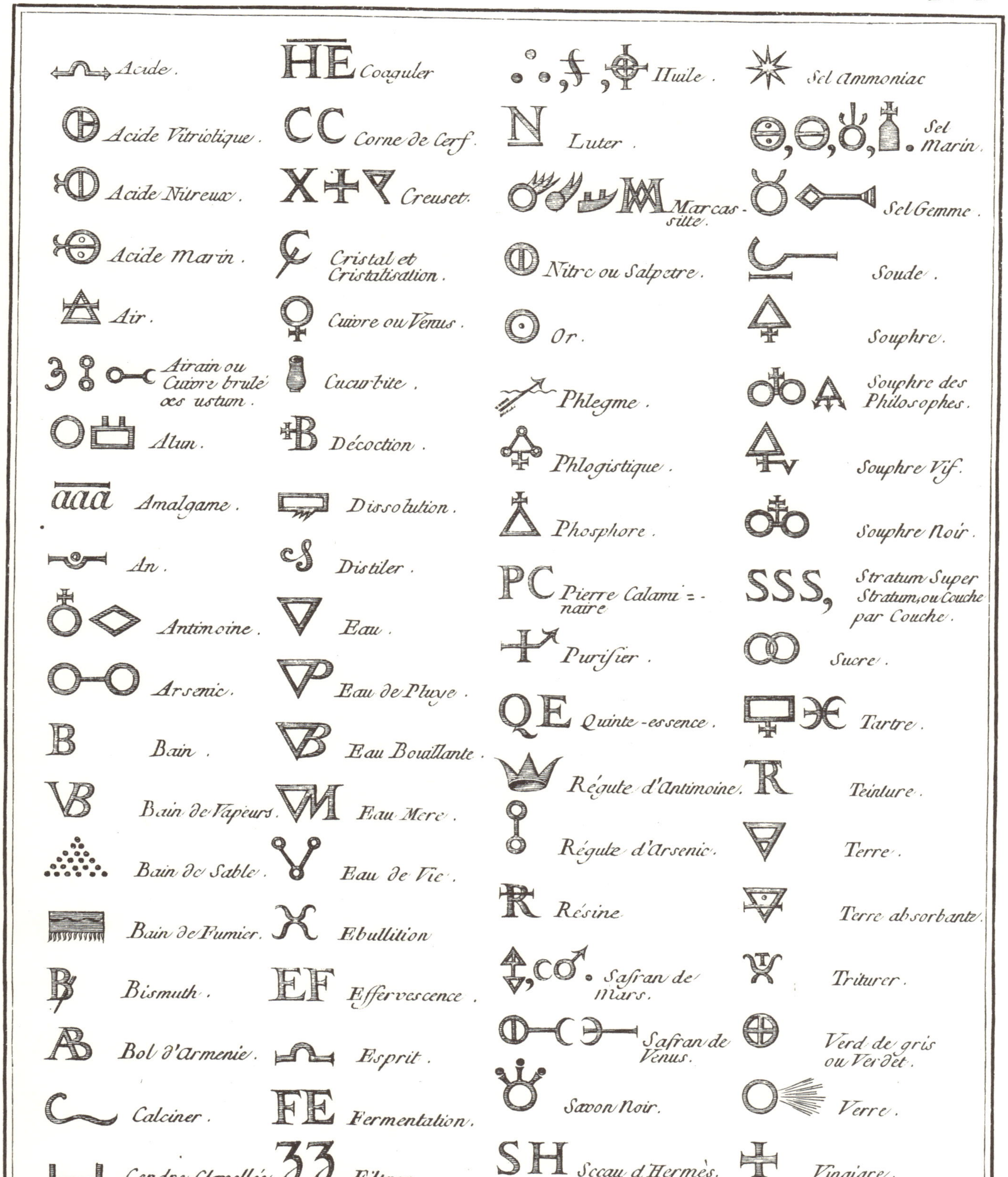

Pl. IV

Acide.	HE Coaguler	Huile.	Sel Ammoniac.
Acide Vitriolique.	CC Corne de Cerf.	N Luter.	Sel Marin.
Acide Nitreux.	X Creuset.	Marcassitte.	Sel Gemme.
Acide Marin.	Cristal et Cristalisation.	Nitre ou Salpetre.	Soude.
Air.	Cuivre ou Vénus.	Or.	Souphre.
Airain ou Cuivre brulé œs ustum.	Cucurbite.	Phlegme.	Souphre des Philosophes.
Alun.	B Décoction.	Phlogistique.	Souphre Vif.
aaa Amalgame.	Dissolution.	Phosphore.	Souphre Noir.
An.	S Distiler.	PC Pierre Calaminaire.	SSS, Stratum Super Stratum, ou Couche par Couche.
Antimoine.	Eau.	Purifier.	Sucre.
Arsenic.	Eau de Pluye.	QE Quinte-essence.	Tartre.
B Bain.	B Eau Bouillante.	Régule d'Antimoine.	R Teinture.
VB Bain de Vapeurs.	M Eau Mere.	Régule d'Arsenic.	Terre.
Bain de Sable.	Eau de Vie.	R Résine.	Terre absorbante.
Bain de Fumier.	X Ebullition.	Safran de Mars.	Triturer.
B Bismuth.	EF Effervescence.	Safran de Vénus.	Verd de gris ou Verdet.
AB Bol d'Armenie.	Esprit.	Savon Noir.	Verre.
Calciner.	FE Fermentation.	SH Sceau d'Hermès.	Vinaigre.
Cendre Clavellée ou Gravellée.	33 Filtrer.	Sel.	Vinaigre Distillé.
Céruse.	Fleurs d'Airain.	Sel Alkali.	Vitriol Verd.
Chaux.	Fleurs d'Antimoine.	Sel Alkali fixe.	Vitriol Bleu.
Cinabre.	Fourneau.	Sel Alkali Volatil.	Zinc.
Cire.	Gomme.		

Goussier del.   Benard Fecit.

Caracteres de Chymie.

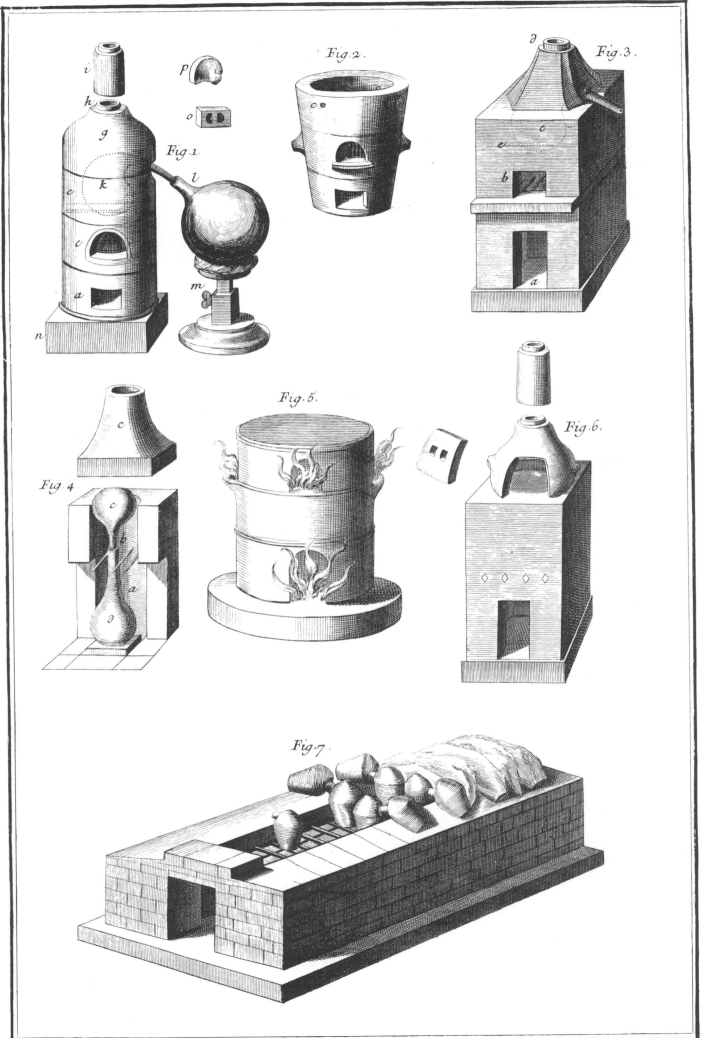

Chymie, Fourneaux, ustencilles &c.

Chymie.

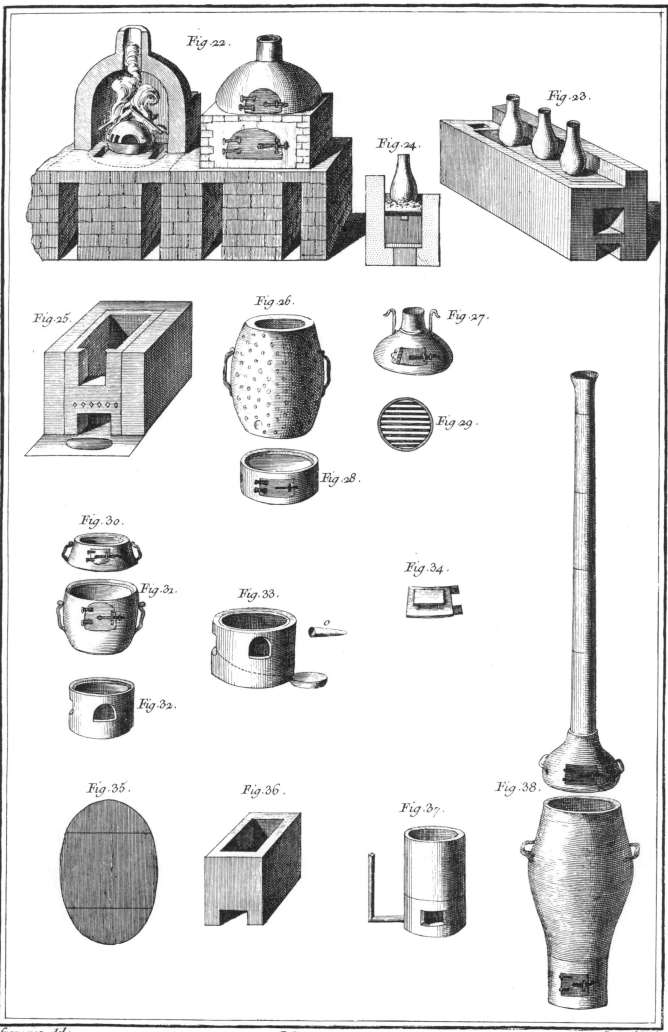

Chymie.

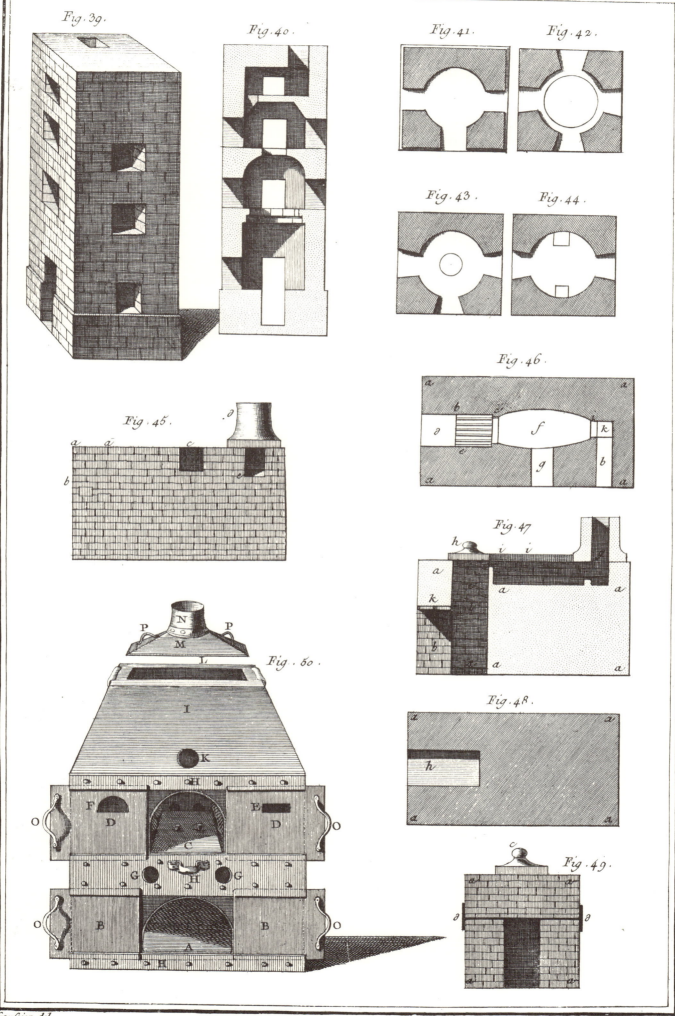

Chymie.

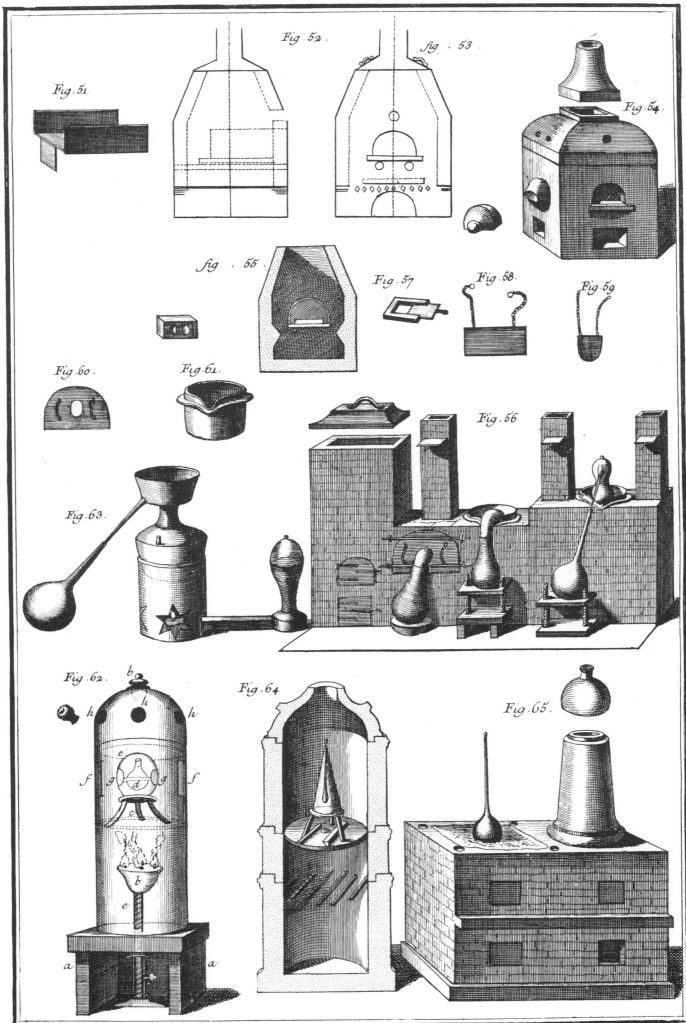

Chymie.

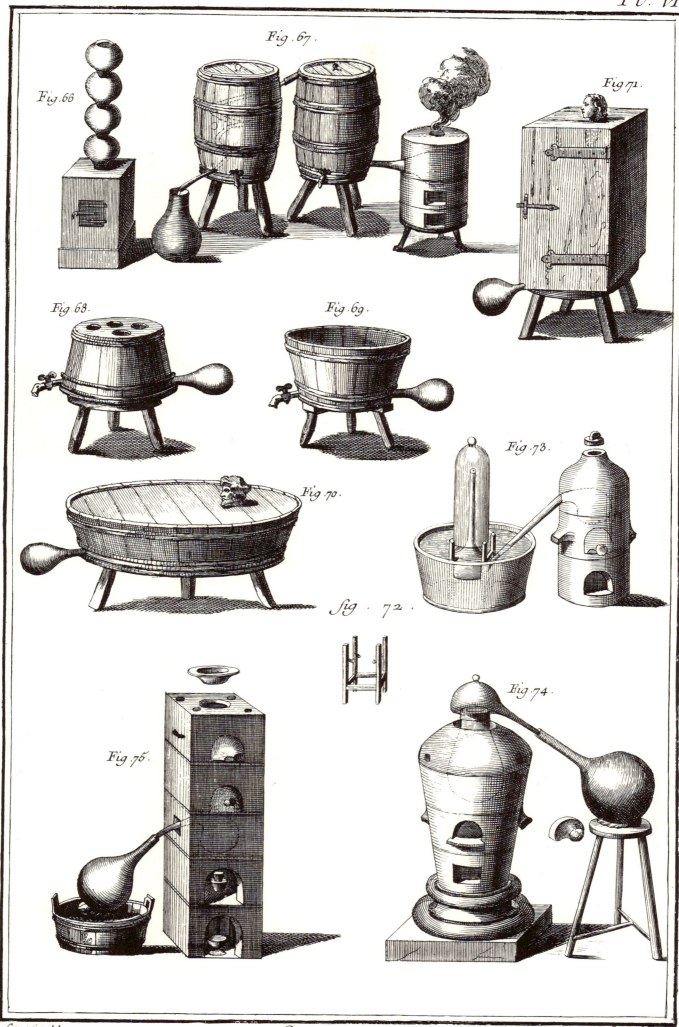

Chymie.

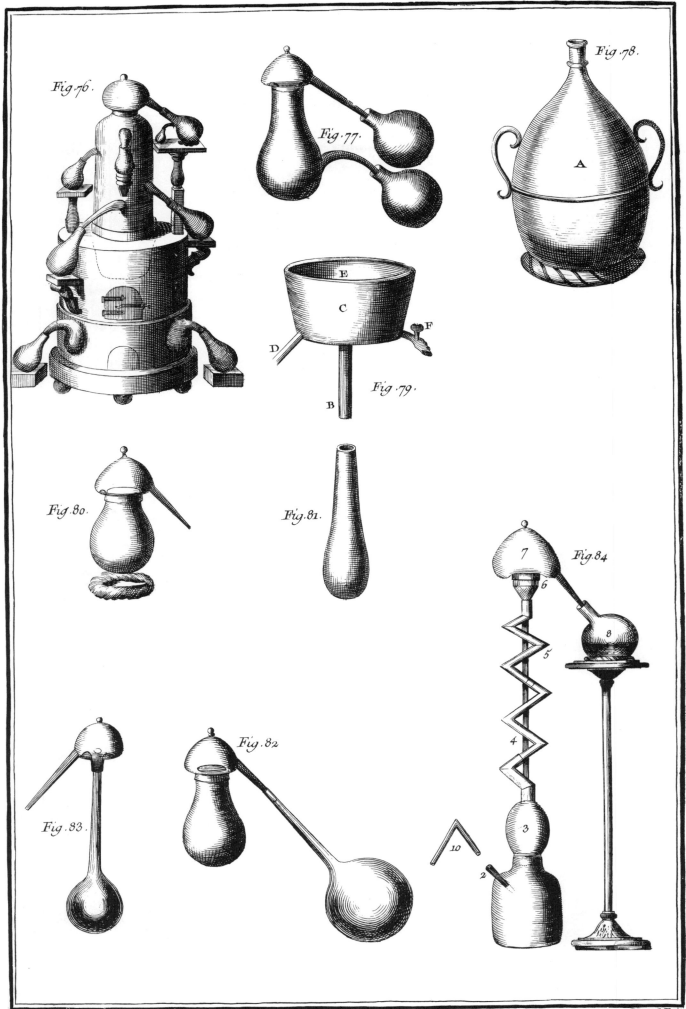

Chymie

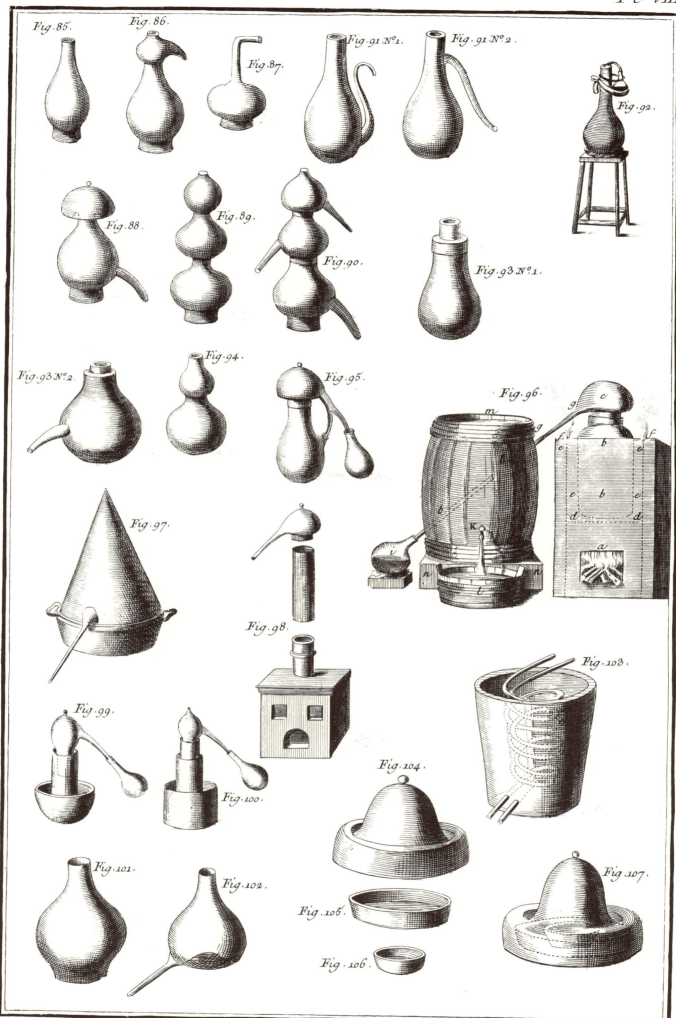

Chymie.

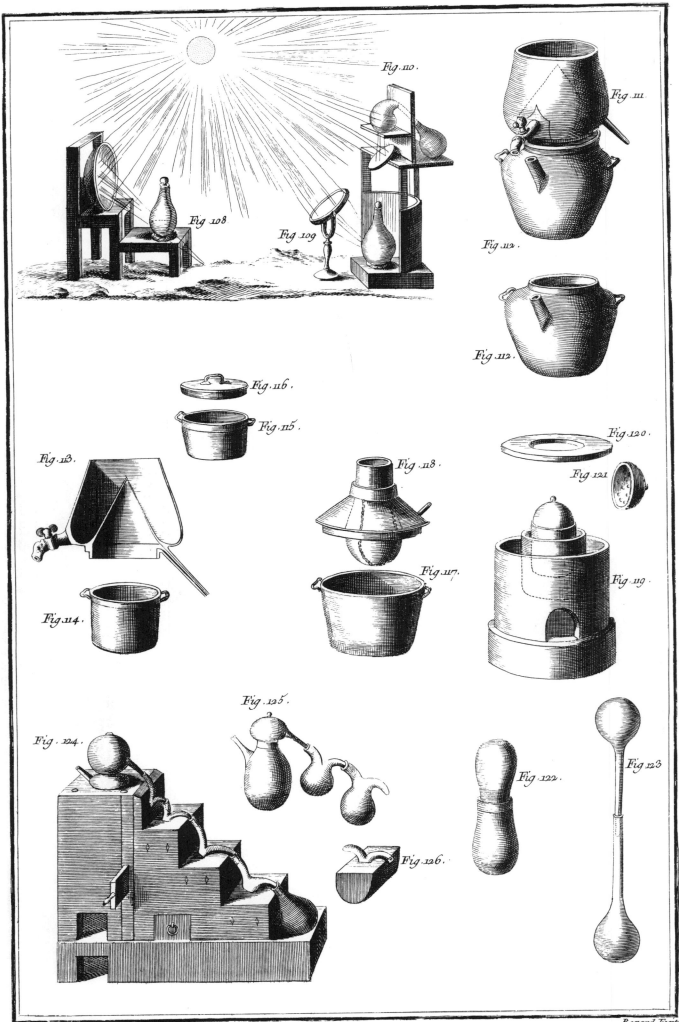

Chymie.

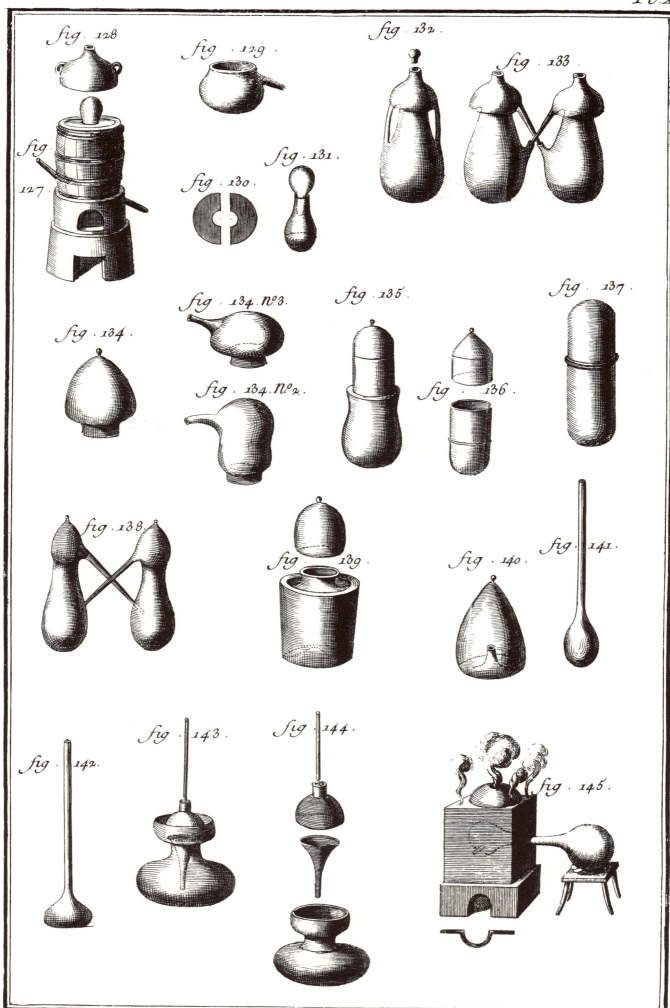

Chymie.

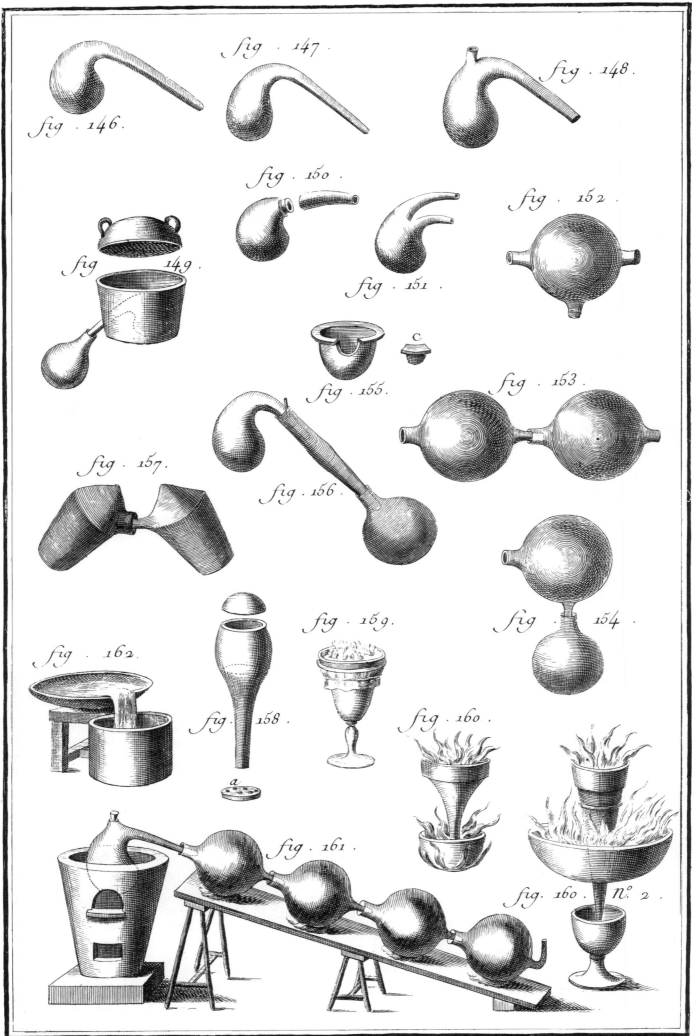

Chymie.

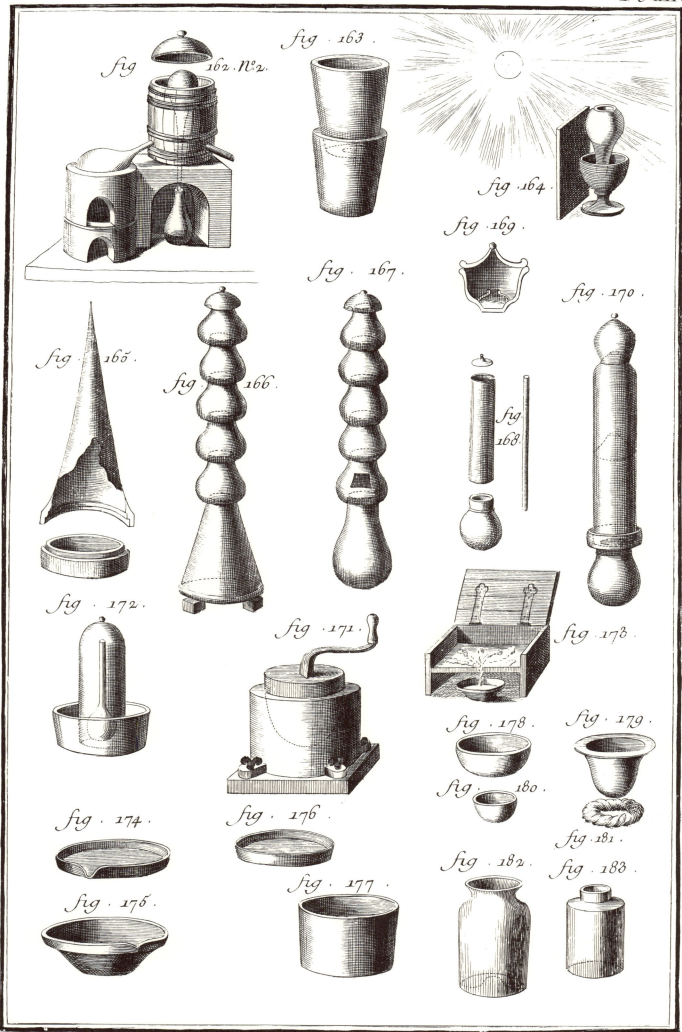

Chymie.

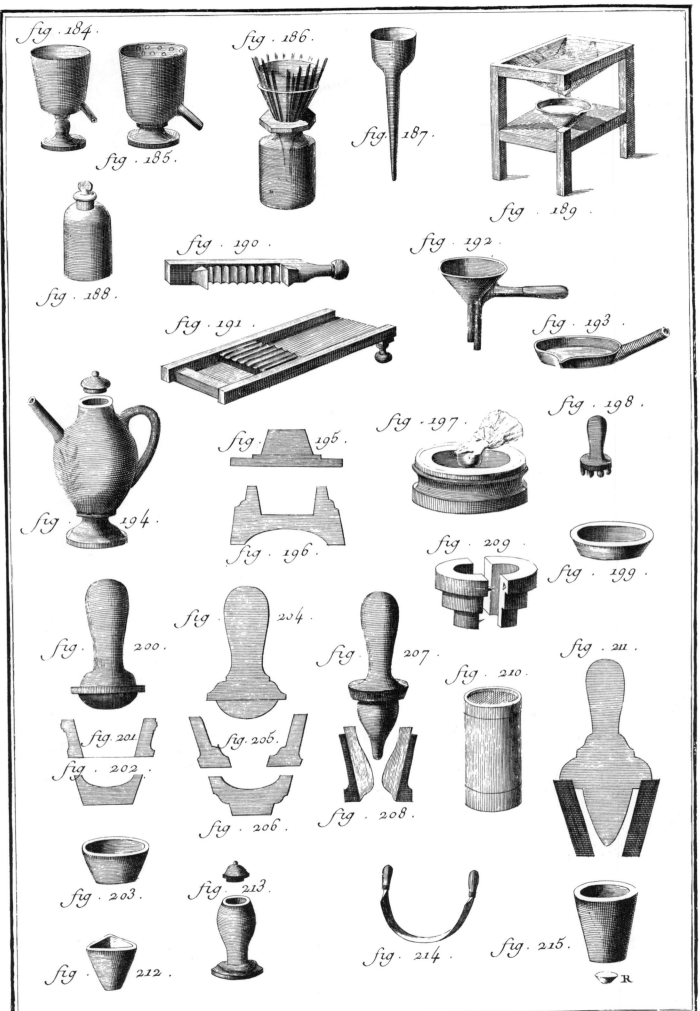

Chymie.

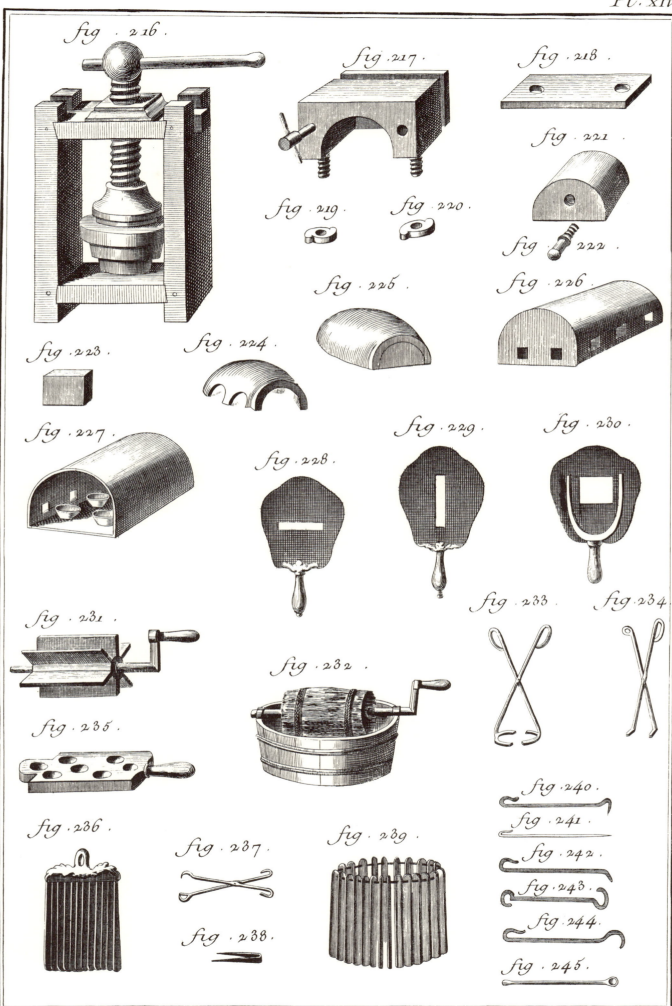

Chymie.

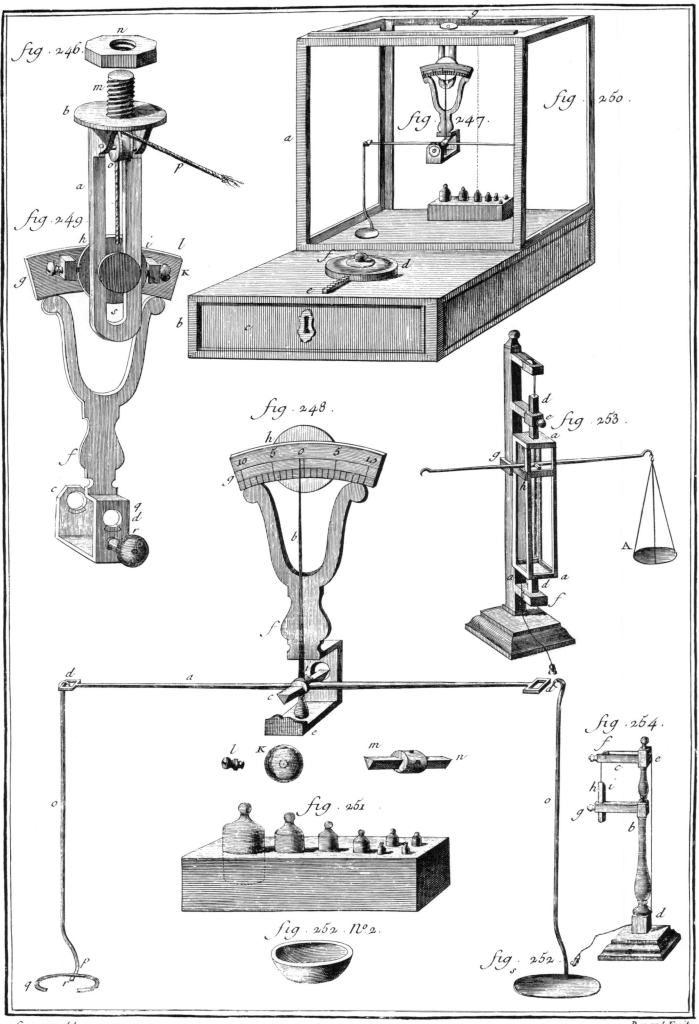

Chymie.

Pl. XV. bis

fig. 255.
fig. 256.
fig. 257.
fig. 258.
fig. 259.
fig. 260.
fig. 262.
fig. 263.
fig. 264.
fig. 265.
fig. 261.

Benard Fecit.

Chymie.

Pl. XVI.

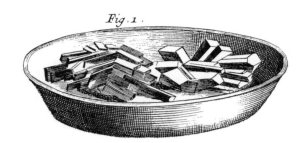
Fig. 1.

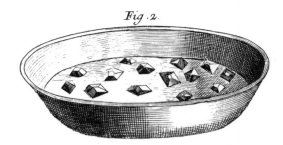
Fig. 2.

Fig. 3.

Fig. 4.

Fig. 5.

Fig. 6.

Fig. 7.

Goussier. del.   Benard Fecit.

Chymie, Cristallisation des Sels.

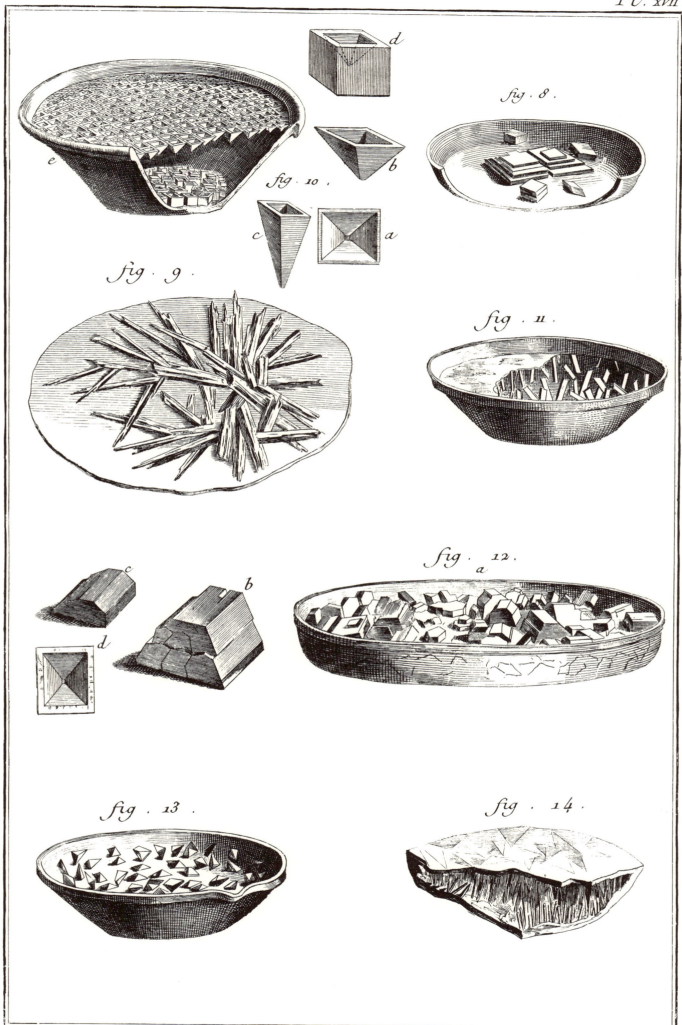

Chymie.

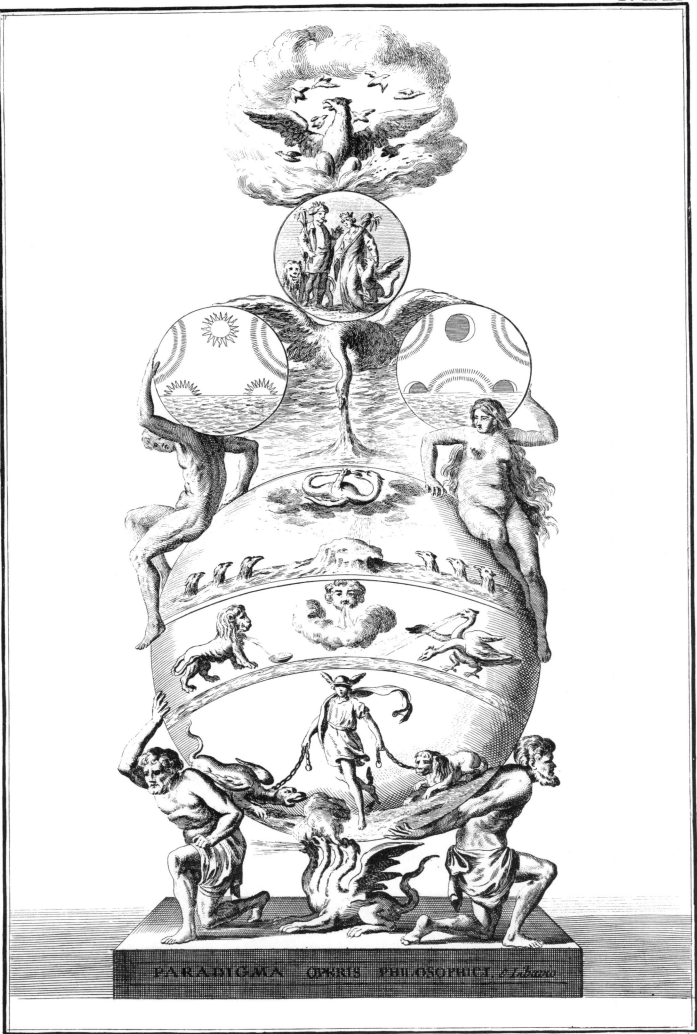

Chymie.

Achevé d'imprimer
par MAME Imprimeurs à Tours
Dépôt légal : mars 2002 (N° 02012037)